AF500171

ESSAI CRITIQUE

SUR

BROUSSAIS

PAR LE Dr HENRI GOURAUD,

Professeur agrégé de la Faculté de Médecine de Paris.

ESSAI CRITIQUE

SUR

BROUSSAIS.

PREMIÈRE PARTIE (1).

I. — *Des réformateurs dans la science médicale.*

Depuis son entrée à la Faculté de médecine, en 1831, on peut dire que M. Broussais avait été s'éteignant toujours. Sa position officielle avait ôté à sa prédication médicale l'intérêt que lui avait donné pendant vingt ans la lutte la plus opiniâtre, et la cruelle affection qui a terminé ses jours avait dès longtemps tari en lui la source de l'intelligence scientifique, comme celle de la vie. Si les derniers éclats de ses déclamations phrénologiques attirèrent encore la foule, ce fut seulement par la curiosité qui s'attachait toujours à sa parole originale; mais il ne descendait plus de sa chaire aucun enseignement :—on allait au spectacle, on n'allait pas à l'école.

Et pourtant, au premier bruit de sa mort, le monde médical a senti que quelque chose de grand venait de disparaître de son sein; et, à ses funérailles, ce long cortége des étudiants et des médecins de la capitale, cette représentation imposante de tous les ordres auxquels il appartenait à tant de titres, ces discours que l'on se disputait l'honneur de prononcer sur sa tombe, tout cela témoignait que la France venait de perdre un savant illustre. Cet homme, à qui l'on ne songeait plus, dont les dernières années s'étaient écoulées tristement dans les souffrances d'un horrible mal et dans les efforts d'un travail stérile, cet homme s'était relevé soudain de toute la force et de toute la puissance de sa vie passée. Tout ce qu'il avait fait ou n'avait pas fait depuis 1830 s'était effacé de notre souvenir, et nos regards s'étaient aussitôt portés vers les époques bruyantes de sa vie médicale, depuis 1805 jusqu'à 1829.

Qu'est-ce donc que cette vie? Quel est le secret de cette renommée? Quels enseignements y a-t-il à en tirer pour ceux qui sont engagés dans la même carrière et pour le public? Quelle qu'ait été son influence sur l'humanité contemporaine, quel bien laissera-t-elle, et laissera-t-elle quelque bien à l'humanité future?

Pour bien apprécier la révolution opérée dans le monde médical par M. Broussais, nous avons besoin de reprendre la question d'un peu plus haut; nous sommes obligé de rappeler des principes trop généralement méconnus aujourd'hui.

La médecine n'est pas une science qui soit née hier ou qui doive naître demain; ce n'est pas une science qui marche au hasard ou qui soit livrée au caprice d'un homme, quel que soit cet homme. Elle date du jour où l'homme souffrant a été placé au sein de la nature avec la faculté de connaître ce qui se passe en lui et hors de lui. « Il y a, disait Hippocrate avec le bon sens de l'antiquité, des choses utiles et des choses nuisibles que l'homme peut connaître, rechercher ou éviter : donc il y a une médecine. »—Que des hommes orgueilleux ne veuillent croire en toute chose qu'à eux-mêmes, et nient tout ce qu'ils n'ont pas vu les premiers, c'est un phénomène qui, en effet, s'observe de nos jours comme aux temps des plus grandes folies humaines; que des hommes, incapables de voir, ne veuillent jamais voir, et disent avec une sorte de satisfaction : « Nous déclarons qu'il n'y a à l'horizon médical aucun point lumineux! » on ne saurait qu'y faire. Toujours est-il qu'il y a des choses utiles et des choses nuisibles; que s'il y en a aujourd'hui, il y en a eu de tous les temps; que si l'homme est capable de les connaître aujourd'hui, il a toujours été capable de les connaître. Toujours est-il qu'il ne peut pas être et qu'il n'est pas indifférent pour l'homme possédé d'une fièvre ardente, de rester en repos dans un lit bien chaud ou de se jeter dans un fleuve glacé; ni pour l'homme qui a une épine dans le pied, que cette épine y reste ou qu'elle n'y reste pas; et, s'il existe des circonstances qui facilitent la sortie de cette épine et d'autres qui s'y opposent, il est impossible que l'ami qui regarde souffrir son ami, et qui désire le soulager, ne distingue pas ces deux ordres de circonstances. En outre, à mesure que les hommes observent depuis plus longtemps, ils doivent reconnaître un plus grand nombre de choses utiles et de choses nuisibles, et distinguer mieux celles qui le sont un peu et celles qui le sont beaucoup; celles qui le sont certainement et incontestablement, bien qu'on

(1) Ce travail sera divisé en deux parties: la première consacrée à Broussais médecin; la seconde à Broussais philosophe et phrénologiste.

ne s'y fût pas attendu tout d'abord, et celles qui le sont d'une manière douteuse, quoique tout d'abord aussi on eût pu instinctivement penser le contraire. En un mot, jamais on ne nous fera comprendre que nous ne puissions pas, que nous ne devions pas, en montant sur les épaules de nos ancêtres, découvrir un horizon plus étendu que le leur.

Ceci fait que la vraie médecine, celle qui s'applique utilement à l'homme, a dû exister dès l'origine, dès que l'homme a souffert et qu'il a observé; ceci fait encore qu'elle a dû se perfectionner dans la marche des siècles.

On a, fort ingénieusement, comparé la médecine à l'astronomie dans leur origine, leur marche et leurs progrès. On a vu que ces deux sciences devaient remonter à la plus haute antiquité, puisque toutes deux s'adressaient à des phénomènes faciles à observer, possibles à prévoir, et très-utiles à connaître. Les mouvements vitaux, comme les mouvements célestes, ont en effet frappé les premiers hommes par leur enchaînement, leur harmonie, leurs retours périodiques, et leurs correspondances avec d'autres phénomènes naturels. Du jour qu'un homme a souffert, avons-nous dit, il y a eu une médecine; du jour qu'il y a eu un ciel pur et découvert et des hommes passant les nuits à garder les troupeaux et à explorer les mers, il y a eu une astronomie. Tout comme on a pu voir l'organisme passant par les différentes phases de la fièvre, sous l'influence de causes placées ou en dedans ou en dehors de l'homme, de même on a pu observer que tel astre apparaissait à telle heure de la nuit, à telle époque de l'année, et était dans son apparition précédé ou suivi de tel autre astre. Tout comme encore on a pu voir que sur l'homme malade un certain ensemble de phénomènes déterminés avaient un certain point de départ et affectaient une certaine tendance, et qu'on a pu former ainsi des groupes nosographiques, de même on a pu observer que les astres avaient entre eux des rapports constants, et formaient ensemble des groupes qui se succédaient dans un ordre constant : de là les pronostics de la médecine, de là les prévisions de l'astronomie, les dernières plus sûres que les premiers, parce qu'il y a plus de constance ici que là, mais les uns et les autres fondés sur le même caractère des phénomènes naturels, la constance. La médecine et l'astronomie étaient donc toutes deux des sciences d'observation, mais aussi toutes deux dominées par la grande idée d'harmonie, de loi, qui a été jetée dans la nature pour que l'homme l'y trouvât, et toutes deux à ce titre faisant partie de la science des sages, de la sagesse antique.

Nous ne parlons point ici des progrès ultérieurs, des découvertes de détail; nous ne demandons point quel parti la science tirera des lois de la circulation du sang, ou de celles de la gravitation, ou de l'invention de la boussole. Nous établissons l'existence et l'origine antiques de la science; nous remontons au principe des découvertes primitives, et nous disons, comme l'histoire le dit, que l'homme ouvrant les yeux a vu, et que, son intelligence venant tout de suite en aide à ses yeux, ou même dirigeant ses yeux, il a aperçu des lois. Nous disons que la médecine ne doit pas plus recommencer avec chaque médecin que l'astronomie avec chaque astronome. Il est clair que l'astronomie a le droit de produire dans la suite des âges Newton, Kepler, Huyghens; qu'elle multipliera ses instruments; qu'elle disposera ses observatoires; qu'elle se servira de toutes les sciences physiques et mécaniques pour étendre ses découvertes; qu'elle établira des relations faciles entre tous les savants du monde, quand elle le pourra, pour assurer l'exactitude de ses observations. Oui, cela est vrai, personne ne le conteste, ni ne peut le contester; mais nous défendons à Newton, à Kepler, à Huyghens, d'aller garder les troupeaux dans les plaines de la Chaldée pour observer les astres pendant les nuits. *L'humanité*, a dit Pascal, *est un homme qui apprend toujours*. Eh bien! ce qui est vrai de l'astronomie l'est de la médecine : la médecine multipliera ses moyens de recherche pour pénétrer dans la profondeur du corps humain; elle *débrouillera*, pour me servir d'une expression de Broussais, *avec une analyse de plus en plus savante les cris confus des organes souffrants*; elle précisera ses observations, ses vérifications; elle constatera les exceptions, les incidents, les accidents; elle connaîtra de mieux en mieux les substances que la nature met à sa disposition pour soulager l'homme. Elle produira avec le temps Sydenham, Hoffmann, Stoll, etc.; mais elle ne changera pas de route à chaque pas de sa carrière, elle ne détruira pas incessamment dans la suite des âges ce qu'elle a vu, observé, découvert, établi dans les époques précédentes; nous lui défendons de faire table rase, et, déclarant qu'elle ne sait rien, de quêter, comme autrefois, les conseils populaires à la porte des temples et dans les carrefours.

Tant que l'esprit humain et la vie humaine ne changeront pas, la médecine, qui n'est autre chose que l'esprit humain appliqué à l'étude de la vie humaine, ne changera pas fondamentalement sa manière de procéder. En prenant l'ensemble de la tradition médicale, depuis Hippocrate jusqu'à nos jours, comment méconnaître que c'est là une grande, une forte et inébranlable chose? comment ne pas voir que ses principes fondamentaux sont universels et perpétuels? Or, l'universalité et la perpétuité sont deux incontestables caractères de la vérité, dans tout ordre d'idées possible.

Donnons du jour à notre pensée.

La vie humaine n'a-t-elle pas été jusqu'ici partout et toujours la même? Qu'y a-t-il donc à observer en médecine? Il y a à connaître :

1° L'homme; la constitution humaine;

2° Tout ce qui agit sur l'homme; les différents *stimulus* de la vie humaine;

3° Les rapports de convenance ou de répulsion réciproque qui existent entre l'homme et ces *stimulus*. Eh bien! par quelques révolutions que l'humanité ait passé, la vie de l'homme n'a-t-elle pas toujours fondamentalement la même constitution? n'a-t-elle pas toujours les mêmes instruments, les mêmes *organes* répondant de la même manière à l'appel les uns des autres? n'est-elle pas toujours aux prises avec les mêmes influences, et ne réagit-elle pas toujours de la même façon contre ces influences? c'est toujours le même *microcosme* dans le même *macrocosme*. Les moralistes ont dit que les passions du cœur humain étaient éternelles; les médecins peuvent dire que les maladies de l'organisation humaine sont éternelles. Cela veut-il dire qu'il n'y a point de variété dans l'histoire pathologique de l'humanité? Loin de là. La variété, au contraire, est infinie, mais il y a variété dans l'unité, et unité dans la variété. Sans aucun doute les climats, les institutions politiques, les mœurs, les religions, les progrès de l'économie politique ou de l'hygiène, et de toutes les sciences, les guerres, les épidémies, les révolutions terrestres, etc.; sans aucun doute, tout cela a pu imprimer à chaque pays, à chaque siècle, des caractères particuliers; tout comme les circonstances individuelles donnent à chaque individu des traits encore plus particuliers. Mais tout cela, si je puis dire, tourne dans le cercle de la vie humaine et n'en peut sortir.—Que les maladies catarrhales et rhumatiques, par exemple, aient été moins souvent observées sous le beau ciel de la Grèce que sous le ciel plus variable et plus brumeux des pays sur lesquels s'est appuyée la civilisation moderne, cela ne fait pas qu'il n'y ait pas dans l'homme une force vitale capable de réagir contre les causes de maladie, et de conserver l'organisme lorsqu'il est en lutte contre ces causes; qu'il n'y ait en nous une puissance restauratrice, réparatrice, *médicatrice*. Des migrations de peuples, l'encombrement produit par la guerre, l'étiolement amené par une civilisation énervante, etc., peuvent faire peser sur tel ou tel pays des fléaux nouveaux, qui portent atteinte à la santé publique, qui empoisonnent les générations dans leur source; voilà tout un nouveau champ d'observations pratiques. Mais cela ne fait pas que la fièvre ne soit la fièvre et que le spasme ne soit le spasme, deux états si différents de l'organisme. Les maladies intermittentes n'en sont pas moins distinctes des maladies continues, les hémorrhagies des hydropisies, les affections régulières et harmoniques des affections irrégulières et ataxiques. Il en est ici de l'ordre physiologique comme il en est de l'ordre moral, où les passions, quoique naissant dans des circonstances différentes, et s'appliquant à des objets différents, n'en restent pas moins ce qu'elles sont, et n'en ont pas moins leurs effets: l'ambition, l'ambition; la colère, la colère; la cruauté, la cruauté; l'amour de la patrie ou l'amour filial, l'amour de la patrie ou l'amour filial! Depuis que l'observation médicale existe, l'homme a commencé, s'est développé, et s'est éteint de la même manière, passant par les mêmes phases, doué de la même organisation, ou, comme disait Hippocrate, 1° des mêmes *parties contenantes*; 2° des mêmes *parties contenues*; 3° des mêmes *forces*. Ses *solides* et ses *liquides* n'ont pas changé de nature; ses *forces* non plus. Or, l'étude de ses *forces vitales*, ou de ses *mouvements vitaux*, dans la suite des âges, a permis d'établir des lois qui, fondées sur l'universalité et la perpétuité de l'organisation humaine, restent vraies, malgré la variété de plusieurs phénomènes et l'apparition de phénomènes nouveaux.

Nous ne saurions nous empêcher de rendre ici un éclatant hommage aux *Leçons de physiologie* dans lesquelles M. le professeur Lordat, de Montpellier, a développé cette idée de la pérennité de la science médicale; cherchant à démêler, et démêlant avec un admirable bonheur, ce qu'il y a de constant et d'inattaquable dans la tradition médicale de ce qu'il y a en elle d'hypothétique et de conjectural; ce qui a fait loi dans l'esprit de tous les bons observateurs, et ce qui fait nécessairement loi chaque jour dans l'esprit de chaque homme réfléchi et de chaque praticien expérimenté, de ce qui n'a été ou qui n'est que l'opinion ou le jeu de l'imagination de quelques-uns;—établissant ainsi avec une grande force et une parfaite lucidité un certain nombre de propositions principales, mères elles-mêmes d'un grand nombre d'autres plus secondaires et par là même plus variables. Disons-le, nous nous sommes réjoui de cette lumière jetée sur le monde médical, dans un moment où tant d'esprits sont obscurcis, où l'amour indéfini du curieux et la manie insatiable d'une expérimentation sans règle et sans frein compromettent incessamment l'honneur de la science aux yeux de ceux qui entreprennent de l'étudier, comme aux yeux du public.

Il semblera peut-être à plusieurs personnes qu'il est superflu d'énoncer des principes d'une telle évidence, et que nous nous mettons trop en frais pour prononcer de beaux *truismes*. Ces personnes se trompent: le mépris de l'antiquité et de toute tradition scientifique, bien qu'il ait perdu du terrain depuis quelques années, est encore une plaie de la science de nos jours.

Combien, parmi nos contemporains, font dater d'hier la science médicale! Les chimistes qui ne veulent voir l'homme que du point de vue chimique, et encore du point de vue chimique le plus moderne;—les anatomistes qui ne veulent voir l'homme que du point de vue anatomique, et qui déclarent cependant que l'anatomie est dans l'enfance;—beaucoup d'esprits minutieux dont il faut louer la patience, mais dont il faut flétrir l'étroitesse, qui, à force de détails accumulés, morcellent l'observation et rendent méconnaissables les faits observés; tels sont les hommes qui font dater d'hier la science médicale! Comment les anciens (c'est-à-dire tout ce qui précède le dix-neuvième siècle) pourraient-ils mériter quelque confiance, eux qui n'observaient les phénomènes que dans leur généralité, qui étaient incapables d'en embrasser les détails par leurs moyens d'exploration, qui, ne pouvant sonder dans toute sa profondeur la fibre organique de l'homme, se bornaient à considérer son expression vitale? Voilà, nous le disons avec peine, ce qui court encore les rues du monde médical. Vers la fin du siècle dernier, Bordeu, le grand Bordeu, s'élevait déjà avec force contre les prétentions de la chimie, qui cherchait, disait-il, à s'emparer de la médecine; il démontrait comment tous les mouvements organiques qui se passent dans l'homme, ce flux et reflux de nos humeurs dont le cours est si bien déterminé, cette action continuelle de nos solides les uns sur les autres, leurs sympathies ou leurs antipathies voulues pour tel ou tel modificateur qui leur est présenté; comment ces compositions, décompositions et recompositions de nos tissus, toujours les mêmes dans leurs formes et leurs mouvements, et jamais les mêmes dans leur matière; comment ces alternatives singulières de température, d'électricité, de sensibilité, etc., échappaient à la chimie la plus subtile, la plus hardie, la plus savante: comment ce quelque chose de mobile, de sensible, de vivant, de pensant qui est dans l'homme, est au delà de toutes les tentatives de la chimie: — et pourtant Bordeu étudiait avec Rouelle, qu'il suivait avec enthousiasme, Rouelle le Paracelse de ces temps! et il s'écriait: « Que l'examen chimique du lait, du sang, de l'urine et des autres parties et liqueurs animales, puisse conduire les artistes à un grand nombre de découvertes, je ne donnerais bien garde de le nier; et qu'ils soient dans le cas d'expliquer, par leurs ingénieuses manœuvres, bien des vérités susceptibles même de démonstration, et qui puissent faire le fond d'excellentes dissertations physiques et académiques, le fait est établi par mille épreuves; mais que cette analyse des humeurs mortes et soumises à des changements dont la vie animale les met à l'abri, plutôt que de les y exposer, puisse donner la clef des phénomènes de la vie animale, et fournir les meilleures indications pour arriver à la résolution de divers problèmes à proposer sur l'animalité, c'est ce que je crois impossible; c'est au moins ce à quoi les chimistes ne sont pas parvenus jusqu'ici. » Stahl, le plus grand chimiste de son temps, avait dit de la chimie la même chose que Bordeu, et aujourd'hui la même chose se peut dire que du temps de Bordeu. « J'ai vu, dit encore Bordeu, le lait s'épaissir dans une nourrice qui vit tomber son enfant; le lait reprit son cours et sa consistance dès que l'enfant reprit le téton; et la mère, agitée par deux ou trois passions différentes, sentait la chaleur, la souplesse et le remontage du lait, à proportion que l'enfant donnait des signes de force et de santé. » Toute la question de la vitalité et de la chimie, et de la nécessaire subordination de la seconde à la première, est dans ce fait et dans les faits de ce genre qui foisonnent.

Quant à l'anatomie, qui, aujourd'hui comme à d'autres époques, voudrait aussi s'emparer de la médecine, et rejeter dans le chaos toutes les observations anciennes, sa prétention n'est pas plus légitime. L'anatomie n'explique pas la nature humaine. Elle nous montre le mécanisme du corps de l'homme, elle ne nous donne pas le secret de la vie: quand les connaissances anatomiques étaient bornées ou difficiles à acquérir, on a pu s'en exagérer la portée; aujourd'hui que chacun peut étudier l'anatomie à son aise, et en dresser un exact inventaire, il est bien facile de déterminer ce qu'elle nous apprend et ce qu'elle ne nous apprend pas sur la nature des maladies, et conséquemment sur les indications que peut présenter leur cure. L'homme, selon la notion que s'en formait l'antiquité et que l'on doit s'en former, est composé: 1° de parties contenantes; 2° de parties contenues; 3° de causes de mouvements; autrement, de solides, de liquides et de forces. L'anatomie nous a beaucoup appris, nous apprend beaucoup encore chaque jour sur le contenant et le contenu de l'agrégat humain; mais sur les forces de la vie, sur les facultés de l'organisme considéré dans son ensemble, sur celles des différents organes, que peut-elle nous dire? Il est d'une haute importance de pouvoir apprécier le siége des maladies, de déterminer le degré d'altération auquel un organe est arrivé, quels nouveaux degrés il peut parcourir, et quels autres organes il peut entraîner dans son mal. Cela est utile, cela est important, cela est beau à savoir, toutes les fois que cela se peut; et c'est la gloire de l'anatomie moderne de nous avoir, sous ce rapport, ouvert un vaste champ de découvertes: mais il est encore plus utile et plus beau de savoir, d'après ce qui s'est passé dans un malade et d'après ce qu'on a sous les yeux, comment chaque point du corps intéresse le système entier, comment le système entier intéresse chaque point du corps; quelle force de résistance un organisme a ou n'a pas; quelle harmonie ou quelle désharmonie doit se produire en lui; quel est le but de ses efforts de réaction, salutaire ou funeste; quelles voies de solution il présente au mal; — et toutes les considérations de cette nature.

Or, ce n'est pas l'anatomie qui nous fait lire dans ce livre de vie, c'est l'intelligence de l'homme appliquée à suivre l'ordre de filiation des phénomènes, leur génération mutuelle et successive, leurs rapports de toute sorte. Et cette intelligence, nos pères ont pu l'avoir, nos pères l'ont eue. Il y a plus: on a soutenu, et on en a eu le droit, que leur esprit, moins embarrassé de détails secondaires que le nôtre, voyait plus haut, plus loin et mieux. On a pu soutenir, et on en a eu le droit, que ne pouvant, comme nous, disséquer les cadavres fibre à fibre, ni soumettre les solides et les liquides du corps humain à l'analyse chimique, ils ont porté une attention d'autant plus sévère et d'autant plus continuelle à tout ce qui n'était pas du ressort de l'anatomie et de la chimie, à tout ce qui était la vie.

Pour nous, ce nous est, en vérité, une grande pitié que de voir tant de savants, qui se croient forts parce qu'ils ont la faculté de se perdre dans le changement de coloration ou de consistance d'un faisceau de fibres ou d'une membrane, et parce qu'ils ont pu constater ici ou là des altérations chimiques, dont ils ignorent le sens, et sur lesquelles ils ne sont pas d'accord; de voir, disons-nous, tant de savants poursuivre de leur mépris et de leurs sarcasmes ces *pères* de l'art, qui ont laissé après eux des traces si lumineuses, qui ont travaillé avec tant de patience et de génie à établir des lois aussi durables que la nature humaine elle-même. Qu'on analyse, qu'on expérimente, que l'on multiplie les instruments de l'observation, car tout ce qui peut servir est bon; mais, pour Dieu! qu'on garde la pensée et la réflexion. C'est avec son intelligence que l'homme voit l'homme, ce n'est ni avec la loupe, ni avec la pile, ni avec la balance, ni avec le thermomètre. Servez-vous du microscope, de la pile, de l'arithmétique, de la géométrie, j'y consens; mais quand vous vous apercevez que ces instruments, au lieu de vous éclairer vous aveuglent, au lieu de vous servir vous nuisent, au lieu de vous montrer dans un jour plus vif l'homme que vous devez soulager, vous le cachent, de grâce, jetez vos instruments! Vous qui raillez l'antiquité, et qui ricanez si agréablement sur des livres que vous n'ouvrez pas, ignorez-vous avec quel respect ces hommes écoutaient la respiration des patients, contemplaient leur visage, et s'attachaient aux moindres signes de l'expression de la vie ou de l'intelligence, pour vous les transmettre et vous dire là où vous auriez à craindre, là où vous auriez à espérer? Avez-vous réfléchi avec quelle patience ils attendaient une crise, pour vous dire que dans telle circonstance elle viendrait de ce côté, dans telle autre circonstance de tel autre côté? Non par l'anatomie, non par la chimie, mais par l'observation et la méditation, et par un désir ardent de soulager les maux qu'ils voyaient, ils vous ont dit ce qu'était l'homme, ou en santé ou en maladie, suivant ses climats, suivant ses âges, ses tempéraments, ses dispositions particulières (acquises ou innées), selon que des affections douces règlent son existence, ou que les passions l'agitent, selon que le vent du midi souffle sur lui ou le vent du nord. Ils ont, dites-vous, laissé des lacunes sur tous les points; ils en ont laissé d'immenses. — C'est vrai : eux-mêmes l'ont déclaré, et ils vous ont averti, après des siècles d'expérience, que la nature humaine était si changeante, et tout si changeant autour d'elle, qu'il ne fallait jamais s'y fier absolument; et de ce principe sanctionné par leur science et leur bonne foi, ils ont déduit un code de prudence devant lequel il faut s'incliner. Rappelez-vous ce que vous étiez le premier jour que vous avez été mis en présence d'un homme malade, et dites-moi sincèrement si c'est pour l'avoir *trouvé* ou pour l'avoir *appris* que vous savez que telle affection peut marcher ainsi huit, dix, quinze jours sans danger, et que même il y aurait du danger à l'empêcher de marcher; que celle-ci a commencé comme un mal qui doit tuer au premier moment, ou comme un mal qui doit renouveler l'individu et s'épuiser de lui-même; qu'il y a des causes de maladies dont il ne faut pas tenir compte, d'autres dont il faut tenir le principal compte; des causes qui ne sont que l'occasion du mal, et d'autres qui sont tout le mal; que tel mal local, si réfractaire, ne disparaîtra que quand vous aurez renouvelé la substance de tout le système; que ce mal général, au contraire, ne disparaîtra que quand le mal local aura disparu. Si vous aviez eu à faire à vous seul votre éducation seulement sur ces points, m'est-il permis de demander où vous en seriez? — Vos pères vous font pitié! Mais vous, qui déclarez qu'il faut refaire toute la science, qu'il faut reprendre l'œuvre par la base, qui prononcez avec Bacon ce mot sacrilége ou inepte: ***Ars instauranda ab imis***; — vous qui croyez qu'on ne pourra parler sur le sort des vivants que quand on aura disséqué jusqu'à la dernière fibre des milliers de cadavres; — vous qui dites orgueilleusement que jusqu'à vous il n'y a pas eu de faits, et que nous entrons dans le siècle, non pas des lumières, mais des faits, et que, pour porter un jugement quelconque, il vous en faut une infinité d'infinités, ***sylva sylvarum***, dit encore Bacon; vous qui ne savez pas ce que c'est qu'un fait valable, et qui, au train dont vous allez, le saurez de moins en moins; —vous qui ne pouvez vous entendre avec vous-même, dites-moi pourquoi vous donnez à boire chaud ou froid; pourquoi vous placez votre malade dans une atmosphère de 15° au-dessus de zéro plutôt qu'au-dessous? pourquoi vous donnez de l'eau plutôt que de l'éther, ou de l'éther plutôt que de l'eau? Vous comptez absolument pour rien ceux qui ont labouré avant vous le champ fécond de la science! Répondez-moi donc : y a-t-il dans la nature des aliments et des poisons? y a-t-il des substances qui font vomir; d'autres qui provoquent chez l'homme placé dans de certaines circonstances une sueur soulageante; d'autres qui calment instantanément d'atroces douleurs; d'autres qui rendent sa force, sa rutilance, sa vie à un sang apauvri; d'autres qui redonnent son aspect naturel et ses fonctions à une peau couverte d'humeurs fétides et d'ulcères douloureux; d'autres qui arrêtent dans l'organisation humaine une consomption commencée? etc. Est-ce une chimère que d'avoir fait sortir du sein de la nature toutes ces forces cachées qui vont ranimer dans l'homme le foyer de la vie, que d'avoir déterminé quand, comment, en quelles proportions la vertu de toutes ces choses peut lui être distribuée? Non, ce n'est pas une chimère; malgré vous, parce qu'il le faut, vous agissez d'après l'expérience acquise avant vous; car la tradition médicale vous déborde, elle pèse sur vous.

Le domaine des faits durables acquis à la médecine est donc très-réel et très-grand; quiconque voudra réfléchir avec l'attention et la bonne foi nécessaires, et distinguer les faits généraux, les faits principes, les faits qui font loi et qui sont la règle de tous les autres, d'avec les notions hypothétiques et conjecturales qui s'y mêlent dans la pratique de chaque médecin, celui-là prendra de la science médicale une idée digne et grande; il la reconnaîtra pour une science antique, une science perpétuée, ayant ses dogmes fondamentaux, ses méthodes, ses procédés, ses moyens de progrès : *Medicina non humani ingenii partus, sed temporis filia.*

Maintenant, qu'est-ce en médecine que ces hommes qui, au lieu de continuer la science, font effort pour l'arrêter et la recommencer; qui, au lieu d'en être les *pères*, en sont les *réformateurs*, les *novateurs*, les *révolutionnaires*? — Ce sont ceux qui ne se contentent point d'observer les faits dans leur simplicité, d'en rechercher et d'en constater l'enchaînement naturel, et d'en tirer des inductions légitimes. Que font ces hommes? Possédés d'une ardeur de systématisation absolue ils s'attachent ou à un ordre de faits partiel, auquel ils veulent rallier tous les phénomènes de la vie, ou à une hypothèse créée par leur esprit, répondant plus ou moins mal à ce qui se passe dans la nature, et qu'ils donnent pour explication à tous les faits vitaux. Reconnaissons-le d'abord, ce besoin d'explications, d'hypothèses, de conjectures, s'il se tient dans de certains termes, a son utilité; et il doit en être ainsi, puisque c'est un invincible besoin de notre esprit, puisque les intelligences les plus clairvoyantes et les plus sages, en cherchant à faire rentrer les faits particuliers dans des faits plus généraux, ne sont exemptes ni de conjectures aventureuses ni d'hypothèses illusoires. Mais cette utilité devient danger, devient erreur, dès que l'hypothèse ou la conjecture ne se reconnaît plus pour hypothèse ou pour conjecture, dès qu'elle se personnifie ou se substantialise; dès qu'elle se fait centre de tout, qu'elle se pose comme cause réelle et unique de tous les phénomènes. Nous allons facilement nous faire comprendre. Prenons pour exemple le système des *mécaniciens* et des *chimistes*; les premiers ne voient dans le corps humain que des phénomènes mécaniques, et trouvent dans l'arrangement mécanique de ce corps une raison suffisante de tous les mouvements vitaux; les seconds expliquent tout par les affinités chimiques. Il y a dans ces systèmes une partie de vérité, puisque plusieurs des phénomènes de la vie peuvent en effet s'expliquer par les simples lois physiques et par les affinités chimiques; mais c'est pousser la conjecture bien au delà de ses conséquences légitimes que de vouloir que les faits si nombreux qui sont en opposition manifeste avec ces deux ordres de lois rentrent dans la physique et dans la chimie. Plusieurs états maladifs s'expliquent naturellement et directement par l'altération de nos humeurs; mais c'est entrer dans un système d'hypothèses inadmissible que de caractériser ces altérations d'humeur sur des états maladifs qu'on ne sait pas expliquer autrement, et encore bien plus que d'imaginer des humeurs que personne n'a jamais vues. Ce que nous disons de l'*humorisme*, c'est-à-dire de la médecine fondée exclusivement sur les altérations des humeurs, nous le pouvons dire de l'inflammation et du spasme, qui sont des faits vitaux bien caractérisés, mais auxquels ne peuvent se rapporter tous les faits observés sur l'homme malade. On ne saurait croire à quelle extrémité peuvent conduire ces vues partielles de l'esprit, quand on veut leur donner l'omnipotence que la nature leur refuse. Van-Helmont, frappé apparemment des inconvénients qu'avait eus pour plusieurs enfants le lait maternel, n'était-il pas arrivé à ce point de regarder le lait comme un aliment contre nature pour l'enfant? et, partant de ses idées hypothétiques sur la nécessité des ferments pour l'entretien de la vie, n'avait-il pas imaginé que la nourriture la plus naturelle et la plus vraie pour les nouveaux nés était une bouillie composée avec un levain de bière?

Autre malheur : l'esprit aventureux des réformateurs systématiques les pousse bien souvent (voyez depuis Thémison jusqu'à Brown, et au delà!) à établir leur théorie, c'est-à-dire leur explication générale des faits physiologiques et pathologiques sur ce qui se passe ou doit se passer dans la profondeur des tissus organiques. Or, c'est là dénaturer l'observation médicale: si le caractère des maladies n'est pas pris des circonstances qui tombent sous les sens, telles que les causes manifestes, les symptômes extérieurs, et la coordination de ces phénomènes, la science est perdue; elle n'a plus de frein, elle devient ce qu'elle peut. Que le fondement de votre théorie soit le relâchement plus ou moins grand des pores intérieurs des organes, l'incitation plus ou moins accumulée sur la fibre organique, ou un souffle, un *pneuma*, chaud, froid, humide, etc., qui régit les mouvements vitaux; peu m'importe. Dès que vous êtes entré dans ce monde imaginaire, je ne vous suis plus que par curiosité. Que dirait-on d'un astronome qui, au lieu d'observer purement et simplement la marche des astres, entreprendrait avant tout de connaître la nature intime de ces corps lumineux et des espaces qu'ils parcourent? ou d'un agriculteur qui ne voudrait semer son grain qu'après avoir chimiquement analysé et microscopiquement considéré les différentes couches de son terrain? Nous ne saurions trop le répéter: l'astronomie, l'agriculture, la médecine, sont des sciences analogues, des sciences d'observation directe, indépendantes des spéculations plus ou moins réelles, plus ou moins imaginaires, qui se peuvent faire sur la nature intime de leurs phénomènes.

Toutefois, après avoir compris le mal que ces réformateurs systématiques feront à la science, on doit concevoir quels services ils pourront lui rendre, lorsqu'une idée vraie, quelque partielle qu'elle soit, tombera dans une tête de génie. On est sûr alors, en effet, de deux choses : d'abord que tout système faux opposé à celui du réformateur sera vivement et fortement attaqué et que tout ce qui lui est antérieur sera soumis à l'épreuve d'une critique puissante; ensuite, que tout ce qu'il y a à tirer du point de vue vrai, mais partiel, qui préoccupe le réformateur, en sera tiré. Le génie du réformateur sera d'autant plus fort sur un point qu'il sera plus faible sur les autres, et entourera *son fait* d'une lumière d'autant plus vive qu'il laissera les autres faits enveloppés d'une plus grande obscurité. C'est ainsi que les chimistes ont montré jusqu'à quel point les altérations chimiques de nos humeurs pouvaient constituer des classes de maladies tout entières et tarir dans l'homme les sources de la vie, et jusqu'à quel point certaines substances chimiques, introduites dans notre économie, pouvaient modifier avantageusement nos organes et relever notre vie abattue.

C'est ainsi que les partisans de Stahl, courbés sur cette idée de la force providentielle et conservatrice qui se trouve dans l'homme, ont étudié avec un très-grand soin et un religieux respect les maladies abandonnées à elles-mêmes, et ont dévoilé à nos yeux le tableau des prodiges de la nature médicatrice.

Nous avouerons même que les réformateurs les plus extravagants, lorsque la volonté et le génie se sont trouvés en eux, ont fait sortir de leurs travaux des éclairs de vérité qui ont traversé les siècles. Qui ne connaît le célèbre alchimiste du seizième siècle, le grand Paracelse, *le roi des chimistes*, *le monarque des arcanes?* Cet homme de feu, sous la main duquel le corps humain devint une manière de volcan, qui passa sa vie dans la débauche et dans des déclamations furibondes, qui tourmentait les métaux et toutes les substances de la nature pour en tirer la *quintessence* et la *panacée*, c'est-à-dire la partie active et médicamenteuse; cet homme a imprimé à la chimie une très-grande impulsion et rendu à la médecine de très-grands services. Laissons là son alchimie et ses influences sidérales; laissons là son mépris pour l'antiquité, qui lui faisait dire, dans les fumées du vin, que son bonnet en savait plus long que Galien et qu'Avicenne; ne prenons, si je puis dire, que la *quintessence* de son idée, et nous pourrons dire de lui ce qu'en dit M. le professeur Dumas, dans ses admirables vues sur l'histoire de la chimie. « Dirigé par ce principe, que dans tous les objets de la nature il devait y avoir une matière essentielle, une quintessence, Paracelse, qui avait toujours en vue de l'obtenir, s'efforçait donc d'élaguer des mélanges naturels les corps les moins actifs et d'en retirer les substances les plus énergiques. Ces idées, après tout, le guidaient d'une manière juste, car c'est comme s'il avait dit, par exemple: L'opium, la ciguë renferment en petite quantité des composés très-actifs auxquels ces médicaments doivent leur puissance, il faut les isoler; si on y parvient, ils représentent à dose très-faible les propriétés d'une quantité considérable de la matière d'où ils proviennent. C'est comme s'il avait dit: Pour les métaux, certains dissolvants peuvent exalter leurs propriétés en ouvrant la maison, d'autres les affaiblissent en la fermant. Peu importent les théories, si on arrive à comprendre qu'il y a des préparations métalliques qui peuvent devenir très-actives. »

Les réformateurs sont donc utiles en ceci, qu'ils mettent dans un grand jour la portion de vérité mêlée à leur erreur. Et dans ce sens, nous ne nous plaignons point qu'il y ait eu, ni qu'il y ait encore des réformateurs; nous nous en consolons en disant: *Oportet hæreses esse*, et en cherchant dans leurs travaux la portion substantielle et vraie. Quant aux attaques que les hommes dirigent contre la science antique et perpétuée, la science est assez forte pour les soutenir; et puis, elle a constamment ce bonheur, qu'une réaction se fait en sa faveur, lorsqu'une fois est tombée la fièvre de réforme. Car (chose remarquable), l'esprit de l'homme, qui est fait pour la vérité, mais qui est faible et borné, n'arrive au vrai point qu'après le nombre nécessaire d'oscillations faites en deçà et au delà.

II.— *Brown et Broussais.— Vie de Broussais; sa doctrine.*

Vers la fin du siècle dernier, un médecin écossais fit grand bruit; ce médecin s'appelait Brown. Brown était un esprit cultivé, ayant étudié dans sa jeunesse les humanités et la théologie avec la plus grande distinction, et parlant latin aussi facilement que le patois de son village. Mais de bonne heure il se fit remarquer par la raideur de son pédantisme et l'intolérance de son caractère. Il étudia la médecine à Edimbourg sous le célèbre Cullen, qui, après l'avoir eu pour élève privilégié, l'abandonna, sans que les motifs de cette séparation aient jamais été bien connus. C'est alors que Brown s'éleva avec violence contre Cullen et contre tous les professeurs de la faculté d'Edimbourg, et qu'il fonda sa nouvelle doctrine médicale. Il publia ses *Eléments de Médecine*, et les éloges que lui prodiguèrent ses amis l'engagèrent à professer sa doctrine dans un cours public. Là Brown déclara ouvertement la guerre à tous les professeurs, qu'il poursuivit de ses sarcasmes et de ses outrages. Son auditoire était peu nombreux; mais l'enthousiasme qu'il suscita fut tel, que ses élèves formèrent une véritable secte, sous le nom de *Browniens*, et que la Société royale d'Edimbourg se crut obligée d'exclure de son sein quiconque se battrait en duel pour ou contre le brownisme. Lorsqu'il se fit recevoir docteur, ses élèves l'accompagnèrent en triomphe, et la théorie qu'il donna des propriétés de l'opium fut si merveilleuse, qu'une statue lui fut érigée, avec ces mots sur le piédestal: *Opium, mehercle, non sedat!* (En vérité, l'opium ne calme pas!); car Brown s'élevait avec colère contre la vertu sédative de l'opium, rangeait ce médicament parmi les excitants, et, pour preuve, en avalait des doses énormes à ses leçons, toutes les fois que sa pensée languissait ou que sa parole devenait monotone. Mis en prison pour dettes, il n'en continuait pas moins ses prédications exaltées, et ses élèves venaient l'écouter avec la même ardeur que dans son amphithéâtre. Avec tout cela, Brown ne fit point fortune; il passa d'Edimbourg à Londres, où il n'eut pas le temps d'accomplir les grands projets qu'il méditait. Agé seulement de cinquante-deux ans, mais fatigué par la vie la plus irrégulière et la plus licencieuse, dévoré de chagrins et d'ambition, il mourut frappé d'apoplexie, après avoir bu, suivant son ancienne coutume, un gros de laudanum en se couchant.

Mais ce fut après sa mort que la renommée de Brown (je ne veux pas dire sa gloire) prit surtout une immense extension. Non-seulement il changea de fond en comble les idées et la pratique des médecins anglais, mais encore il bouleversa la médecine de toute l'Europe. En Allemagne et en Italie, plusieurs doctrines médicales se fondèrent, qui toutes avaient pour point de départ le brownisme, ou étaient des transformations du brownisme. La plus célèbre de ces doctrines est celle du contrestimulisme du fameux Rasori, qui va avoir, ou qui a déjà peut-être sa statue sur la place publique de Milan.

Si on veut du bruit, en voilà!

Aujourd'hui Brown a dans l'histoire de la médecine la place qui lui convient. Homme de quelque génie, mais d'une imagination exaltée, homme de logique, mais de peu d'instruction pratique, il aperçut très-bien quelques faits de la vitalité, — tels que ceux de l'unité organique, des diathèses, des affections asthéniques cachées sous un masque d'inflammation.—Malheureusement, en voulant y réduire toute la médecine, il leur donna une portée abusive. Doué de beaucoup de passion et d'une ardente conviction, il eut pour ses découvertes, qu'il comparait toujours à celles de Newton, un enthousiasme qu'il sut faire partager à un auditoire fanatique. Comme sa doctrine réduisait la science médicale à une grande simplicité, on conçoit qu'elle se soit propagée avec fureur, tout comme on conçoit qu'étant pleine de contradictions et d'ignorances, le temps en ait fait justice.

Brown n'est point un de ces hommes que chaque médecin a dans sa bibliothèque; il n'est guère lu que par curiosité. Et il n'y a pas trente ans que, partout en Europe, on ne jurait que par lui!

On a comparé Brown et Broussais. Il y a, en effet, entre ces deux hommes plusieurs rapports assez frappants, bien que chacun d'eux ait son genre de supériorité qui n'est pas celui de l'autre. Tous deux se sont élevés avec la même colère contre tout le passé de la science, et ont eu pour les anciens le même mépris : si Broussais a fait l'*Examen des Doctrines*, Brown a publié ses *Observations sur les anciens systèmes de médecine*. — Tous deux ont eu le don de transporter et d'enthousiasmer leur auditoire par la critique la plus amère, la plus mordante, la plus railleuse, la plus originale, de leurs adversaires, et si Broussais lança tant de traits contre Pinel, qui avait été son maître, Brown n'en fit pas moins contre son ancien maître Cullen : il paraît même qu'ils avaient le même genre d'éloquence, éloquence attachante et entraînante par l'accentuation de certains mots et la saillie de certaines idées, plutôt que par le charme même de la parole. Brown, dit-on, avait la voix comme croassante, et tout le monde se rappelle les éclats de la voix de Broussais, qui tantôt tombait, languissait, se traînait, pour se relever, l'instant d'après, ferme, forte, sonore, et entraîner le rire ou l'applaudissement unanime des auditeurs. — Tous deux, bien entendu (puisque tous deux étaient des réformateurs systématiques), eurent une grande puissance de généralisation et de systématisation, et ne pouvaient prendre la parole ou la plume sans embrasser la médecine tout entière, sans que les questions qu'ils agitaient fussent ou devinssent des questions capitales, des questions mères : de là encore l'attrait qui s'attachait à eux, car toujours les hommes s'attacheront de préférence à ceux qui débattront devant eux des questions importantes et vitales. — Tous deux avaient pour principal élément de leur talent le désir ardent et la faculté d'éclairer les questions de médecine par le raisonnement et la logique, et tous deux, en effet, étaient partis d'études littéraires très-bien faites : Brown avait étudié avec beaucoup de distinction les humanités dans sa jeunesse, il cherchait avec affectation à imiter Cicéron dans ses dissertations latines; et, malgré ce qu'on peut avoir dit sur sa première éducation, nous savons que Broussais avait fait au collége de Dinan les meilleures études, et que, vers la fin de sa vie, il aimait souvent à répéter de longues tirades de Virgile et d'Horace. — Enfin, on sait la manie de philosophie qui prit malheureusement Broussais dans ses dix dernières années, et avec quelle ardeur il s'attachait à mettre la philosophie et la morale dans la physiologie et dans la médecine. Ne mourut-il pas en corrigeant les épreuves d'un traité philosophique? Brown, au moment où il fut surpris par la mort à cinquante-deux ans, avait conçu le projet de faire un traité de morale et de philosophie; et, comme il avait établi son système médical dans un livre intitulé *Eléments de médecine* (*Elementa Medicinæ*), il voulait établir son système philosophique et moral dans un ouvrage intitulé *Eléments de morale* (*Elementa morum*).—Tous deux, fondant la médecine pratique sur l'état d'excitation ou d'irritation de la fibre organique, et n'y voyant jamais que du plus ou du moins (Brown, presque toujours du moins; Broussais, presque toujours du plus), réduisirent par là la médecine à une très-grande simplicité. Selon Brown, en arrivant près d'un malade, il n'y a que trois choses à déterminer : 1° si la maladie est générale ou locale; 2° si elle est sthénique ou asthénique 3° quelle en est la mesure, la quantité. Mais il a établi, d'ailleurs, qu'à peu près constamment la maladie est générale qu'à peu près constamment elle est asthénique; ainsi, il n'y a qu'à savoir quelle dose de toniques le malade peut supporter. Broussais a encore plus simplifié, mais dans le sens contraire : selon lui, il y a à déterminer ;

1° Quel est l'organe malade ;

2° Quelle est la nature du mal ; mais elle est à peu près constamment inflammatoire ;

3° Quelle en est la mesure, c'est-à-dire quels antiphlogistiques le malade peut supporter.

L'un et l'autre ont ainsi tiré des effets très-remarquables, ou très-bons ou très-mauvais, de leur médication privilégiée, celui-là de l'opium et du quinquina, celui-ci des saignées ; et tous deux par conséquent nous ont appris des choses fort importantes sur la valeur, bonne et mauvaise, sur l'influence salutaire et funeste de ces deux médications.

Tous deux ont eu une grande renommée.

Nous croyons que, si nous poussions le parallèle jusque dans la postérité, l'analogie serait la même, et nous verrions que tous deux ont été des hommes de passage.

Voyons à présent comment Broussais est entré dans la carrière, et comment il l'a parcourue.

François-Joseph-Victor Broussais naquit à Saint-Malo, le 17 décembre 1772, d'un père médecin. A douze ans, il entra au collége de Dinan, où il resta jusqu'à vingt : il s'y distingua par son application et sa facilité, fit de bonnes humanités, et contracta pour les classiques latins un goût qu'il garda toujours. En 1792, il partit comme volontaire, et devint sergent en très-peu de temps ; mais une maladie l'ayant forcé à revenir dans sa famille, il entra dans le service de santé de l'hôpital de Saint-Malo. Bientôt il passa à Brest, où il apprit l'anatomie sous MM. Billard et Duret. C'est là que se décida sa vocation médicale ; il travailla avec ardeur, se fit recevoir officier de santé, et, après un voyage de courte durée dans la marine marchande, il fut nommé chirurgien de deuxième classe.

En 1795, il se maria, ce qui ne l'empêcha pas de prendre du service dans la marine militaire en qualité de chirurgien. De retour à Saint-Malo, il fut pendant quelque temps attaché à l'hôpital, où les principales maladies qu'il eut à observer furent des typhus et des affections scorbutiques.

En 1799, il vint à Paris : quelque simple et laborieuse que fût alors sa vie, il fut obligé de contracter des dettes qu'il ne paya que plusieurs années après, lorsqu'il vendit, à vil prix cependant, sa célèbre *Histoire des phlegmasies chroniques*. C'est à cette époque que Broussais fit connaissance de Bichat, dont il cultiva l'amitié jusqu'à la mort de celui-ci, en 1802. Bichat, Pinel, Cabanis, tels étaient les hommes qui remplissaient alors le monde médical de leurs productions et de leur nom. Pinel avait publié en 1798 sa *Nosographie philosophique* ; Bichat, son *Traité des membranes* en 1800, et son *Anatomie générale* en 1801 ; Cabanis, ses *Rapports du physique et du moral* en 1802.

Le 5 frimaire an XI, Broussais se fit recevoir docteur, et prit pour sujet de thèse : *La fièvre hectique considérée comme dépendante d'une lésion d'action des différents systèmes sans vice organique*. Deux ans après, sur la recommandation de M. Desgenettes, il prit du service dans l'armée, et parcourut successivement, en qualité de médecin militaire, la Belgique, la Hollande, l'Autriche, l'Italie.

En 1808, il revint à Paris en congé, et publia son *Histoire des phlegmasies chroniques*. Il fit la campagne d'Espagne en qualité de médecin principal ; et jusqu'en 1815, malgré quelques mémoires de physiologie publiés par lui, l'activité du service militaire et la multiplicité des événements le tinrent en quelque sorte en réserve. — En 1815 M. Desgenettes, premier professeur du Val-de-Grâce, fit nommer Broussais second professeur. Nous avons entendu plus d'une fois le médecin de l'armée d'Égypte se glorifier d'avoir pressenti le génie de Broussais, et d'avoir ouvert la carrière *au médecin du Val-de-Grâce !* Outre sa clinique du Val-de-Grâce, Broussais institua, rue du Foin, des cours qui furent le prélude des célèbres cours de la rue des Grès. De bonne heure l'affluence fut grande à ses leçons, tant à cause de la nouveauté des vues du professeur que de l'originalité de son talent, et de la manière audacieuse et violente dont il se posait en face de la Faculté. En 1816, il publia son volume de l'*Examen des doctrines médicales*, qui fut un coup de foudre, et qui est sans contredit et sans comparaison sa plus belle œuvre.

Broussais continua la guerre par ses leçons, par des éditions nouvelles de ses ouvrages, et par ses *Annales de la médecine physiologique*, créées en 1822.

En 1828, le monde médical et philosophique retentit tout à coup d'une étonnante nouvelle. Le docteur Broussais, dans un livre intitulé *de l'Irritation et de la Folie*, venait de reprendre la question des rapports du physique et du moral laissée par Cabanis, et de relever l'étendard du matérialisme depuis longtemps abattu. La verve insultante avec laquelle l'auteur traitait les chefs de l'école philosophique dominante fixa l'attention sur ce livre, qui, comme œuvre scientifique, était incapable de la fixer.

La révolution de 1830, usant du même droit que la restauration en 1823, réorganisa la Faculté de Médecine. Plusieurs professeurs dépossédés en 1823, MM. Desgenettes, Déyeux, Leroux, reprirent leurs fonctions. En même temps, une chaire de pathologie et de thérapeutique générales fut créée, et Broussais désigné pour remplir cette chaire. L'enthousiasme fut bien loin d'être celui d'autrefois : le nouveau cours de pathologie et de thérapeutique générales fut peu suivi et fait irrégulièrement. Les idées du professeur, au lieu de piquer par leur nouveauté, étaient vieilles, décréditées, mortes dans la plupart des esprits. Cela inspira bien encore un peu de colère à Broussais, mais non pas cette superbe humeur triomphante du Val-de-Grâce, qui était sûre de son auditoire. En 1836, Broussais, nouvellement engoué des doctrines phrénologiques, s'en fit un instant le prophète et le missionnaire à la Faculté; l'affluence des auditeurs fut si considérable, que par prudence on fit suspendre le cours. Ces leçons, qui ne furent pas très-nombreuses, se continuèrent dans une maison de la rue du Bac, toujours avec grande affluence, et firent bientôt après le sujet d'une publication nouvelle.

En 1832, Broussais avait été appelé à l'Académie des sciences morales et politiques, où il lut un mémoire peu de jours avant sa mort.

Il a succombé à sa maison de campagne de Vitry, près de Paris, à la suite d'une affection cancéreuse du rectum, qui, depuis plusieurs années, l'avait abreuvé de souffrances et de dégoût. Il a observé jusqu'au dernier jour, avec une scrupuleuse exactitude, les progrès de son mal, et en a tenu un journal détaillé; mais il s'est toujours abusé sur la nature de sa maladie.

Un des secrétaires de Broussais, qui a vécu longtemps dans son intimité, a publié dans une *Notice* biographique un grand nombre de détails sur la personne et sur la manière de vivre de ce célèbre médecin. Cette notice a été écrite évidemment sous l'influence d'une admiration presque superstitieuse pour l'auteur de *la médecine physiologique*; admiration comme il était possible d'en avoir il y a quinze ou vingt ans, mais comme il n'est plus permis d'en avoir aujourd'hui. Il serait trop long de transcrire ici tous ces détails biographiques, et nous laissons de côté la passion de Broussais pour les poules, l'heure à laquelle il se faisait la barbe et celle où il se faisait lire le journal, tout comme l'époque de sa vie pendant laquelle il prit de l'embonpoint, et l'eau qu'il buvait à ses repas, *lentement, à l'aide d'un tuyau de paille*.

Broussais était d'une grande vigueur de corps et d'une grande activité physique et intellectuelle, quoique sujet à des moments d'un assoupissement profond pendant le jour; sa tête était d'une très-heureuse conformation, et sa physionomie, quoique crispée comme celle d'un homme passionné, exprimait une intelligence vive et hardie: ses habitudes étaient régulières et sévères; il se levait tous les jours à six heures en hiver, à cinq en été, et ne se couchait pas généralement avant minuit. Le soir était le temps de son travail.

Sa manière de travailler, à ce qu'il paraît, était celle-ci: pour les œuvres de polémique journalière, il écrivait rapidement, corrigeait, raturait, produisait avec une difficulté réelle; quant aux ouvrages de longue haleine, jamais il ne les écrivait qu'après avoir beaucoup lu, beaucoup pris de notes, et longtemps réfléchi sur ses lectures et sur ses notes; mais ce travail d'incubation et de maturation une fois achevé, il écrivait vite, sans grandes corrections ni ratures.

Il avait du goût pour la littérature et une heureuse mémoire; il se plaisait souvent à répéter des morceaux d'Horace, ainsi que des passages tout entiers de Sydenham, nous dit-on. Pourquoi donc alors le mépris que, dans ses ouvrages, il voue à Sydenham, ce grand homme qui a été appelé avec raison *l'Hippocrate anglais?*

Quelque pasionné et quelque acrimonieux qu'il fût dans sa polémique scientifique, quelque intolérant et impitoyable qu'il se montrât pour les idées médicales qui n'étaient pas les siennes, il paraît que, dans les relations habituelles de la vie, Broussais était d'une grande bienveillance et d'une gaieté intarissable. Il chantait souvent, et il avait dans la tête un répertoire de chansons, bien choisi, je ne sais, mais au moins fort nombreux; il portait là la verve qui faisait le fond de son caractère: — du reste, insouciant des choses de la vie, et ne formant pas d'autre vœu que celui de pouvoir toujours travailler pour vivre.

Broussais a laissé trois héritiers de son nom: MM. Casimir et François Broussais, tous les deux occupant un poste honorable dans la médecine militaire; et M. Emile Broussais, avocat, livré à des études mystiques encore peu connues, et qu'on dit singulières.

Les ouvrages sortis de la plume de Broussais sont nombreux (1) et ont joui d'une grande popularité. La facilité et la fécondité faisaient partie de son talent, comme elles font partie, en général, de tous les grands et vrais talents. Il y a toujours dans chaque science spéciale, ainsi que dans les lettres et dans la politique, quelques hommes dont les paroles sont toutes attendues et recueillies avec avidité par le public: Broussais était un de ces hommes. Même au temps de sa décadence, même lorsque sa doctrine n'avait plus de cours, ni parmi les médecins, ni parmi les étudiants, ceux de ses ouvrages qui attirèrent le plus sur lui la sévérité de la critique étaient lus et commentés dès leur apparition. On doit dire pourtant, sans vouloir rien ôter à son talent d'é-

(1) *Thèse sur la fièvre hectique* (1805); — *Histoire des phlegmasies chroniques* (1808), réimprimée quatre fois; — *Examen de la doctrine médicale généralement adoptée*, première édition en 1816, deuxième édition en 1821, sous le titre d'*Examen des Systèmes de Nosologie, précédé de propositions renfermant la substance de la médecine physiologique*, troisième édition en 4 vol. (1829-1834); — *Traité de Physiologie appliquée à la Pathologie* (1821), deuxième édition en 1834; — *De l'Irritation et de la Folie* (1828); *Commentaires des propositions de pathologie consignées dans l'Examen* (1829), 2 vol. in-8°; — *Cours de Pathologie et de Thérapeutique générales*, 5 vol. in-8 (1835); — *Mémoires sur la Philosophie de la médecine et sur l'influence des médecins physiologistes* (1832); — *du Choléra-Morbus épidémique* (1832); — *De la Théorie médicale dite Pathologique*, contre M. Prus (1826); — *Réponse aux critiques de l'ouvrage sur l'Irritation et la Folie* (1829); — *Mémoire sur l'association du physique et du moral*, lu à l'Académie des sciences morales et politiques en 1834; — *Cours de Phrénologie* (1836).

Outre ces ouvrages et ces mémoires, Broussais a écrit un grand nombre d'articles de clinique, de physiologie et de polémique médicale, dans les *Annales de la Médecine physiologique*, journal qu'il fonda en 1822 et qui cessa de paraître en 1834.

crivain, que cette disposition du public tenait en grande partie à sa manière personnelle d'attaquer les questions ; son style, en effet, comme celui des deux plus grands prosateurs de notre époque, ses deux compatriotes, Châteaubriand et La Mennais, son style est personnel et guerroyant. Tout comme on a appelé La Mennais l'abbé guerroyant (*the warlike abbot*), on pourrait appeler Broussais le médecin guerroyant (*the warlike physician*). Chaque ouvrage nouveau, chaque brochure nouvelle était, à la lettre, une déclaration de guerre ou une nouvelle entrée en campagne. Ce n'était point un médecin apportant au public le fruit de ses observations et de ses méditations, ayant envisagé sous toutes ses faces un point de doctrine ou un point de pratique, voyant avec pénétration et sincérité le fort et le faible de l'idée qu'il apporte, comprenant et faisant comprendre avec calme les indications et les contre-indications d'une méthode de traitement; ce n'était point non plus un de ces observateurs qui vous peignent tellement au vrai ce qui a passé sous leurs yeux, que les conséquences en sortent en quelque façon d'elles-mêmes, de ces hommes qui vous disent : « Voilà ce que j'ai vu, voyez! » Ce n'était ni Van Swieten, ni Sydenham, non ; mais un homme ayant saisi à l'amphithéâtre, au lit du malade, ou dans son cabinet, une idée, un fait, et ne concevant plus dès lors qu'il y ait autre chose que cette idée, que ce fait; voyant le sort de la *triste humanité* compromis, si tout ne cède à sa parole. Donc il attaque, donc il renverse tout ce qui se trouve devant lui. Il ne sait pas tout d'abord où il va ; mais quand il voit jusqu'où il a été, il juge qu'il a dû aller jusque là, qu'il n'avait qu'une voie à suivre, et qu'une fois dans cette voie il a dû marcher. Aussi, un de ses grands mérites comme une de ses grandes faiblesses, c'est de ne reculer devant aucune conséquence : — il l'a malheureusement prouvé ; — ce qui dans la polémique lui donne une force singulière contre ceux qui lui ont fait une concession dont il puisse tirer parti, ou qui véritablement lui prêtent le flanc.

Ce qui frappe dans le style de Broussais, c'est l'accent de conviction. S'il prend la plume, c'est qu'il y a de par le monde des *brownniens*, des ontologistes, qui répandent de funestes doctrines : il faut les faire taire, il faut les livrer au mépris des contemporains et de la postérité. Vers la fin de ses jours, il crut devoir s'occuper de philosophie, bien que cette science fût en dehors de ses études habituelles, parce qu'il remarquait que la jeunesse française était séduite par les ridicules doctrines du kanto-platonisme. On a quelquefois accusé Broussais de mauvaise foi, parce qu'il ne voulait pas reconnaître des faits qui devaient lui sauter aux yeux, parce qu'il persistait dans certaines idées pratiques évidemment nuisibles. Cette accusation était fausse ; c'était mal connaître un esprit tel que le sien. S'il ne reconnaissait pas des faits d'un certain ordre, c'est qu'il était plongé dans les faits d'un ordre différent ; il était, si je puis dire, de mauvaise foi sans le savoir et comme malgré lui. On lui a reproché de ne pas être impartial : il s'en serait bien gardé ! Il ne le voulait pas, la vérité en aurait souffert ! « Je n'ai point cru, dit-il quelque part, devoir adoucir ma critique par des éloges accordés à la célébrité ; j'aurais manqué mon but en inspirant trop de confiance pour des ouvrages qui ne sauraient être lus sans danger par ceux qui n'ont pas été prémunis contre les erreurs qu'ils contiennent. Je ne dis pas qu'il ne s'y trouve rien de bon, et je désire qu'on en profite; mais le ton d'arrogance de leurs auteurs, et l'obstination qu'ils mettent à s'opposer à la recherche de la vérité, méritaient qu'on les fît sérieusement rentrer en eux-mêmes ; un jour ils seront appréciés, et l'histoire, en les mettant à leur place, applaudira peut-être à ma résolution. »

Son style, du reste, est animé, plein de couleur, de mouvement et de vie ; sa principale prétention est celle de la clarté ; à chaque page, à chaque phrase presque, il demande hardiment si ce n'est pas plus clair que ce que disent ses adversaires, ses *ennemis*, que ce que disent les *rêveurs*, les *philosophes*, et il retourne cet argument avec une verve et un esprit qui mettent presque toujours les rieurs de son côté, ne fût-ce que pour un instant. Il résulte de cet amour de la guerre médicale, de cette ardeur de conviction, de cette impatience de toute contradiction, de cette passion ironique, que l'invective tient chez lui une large place et qu'on a souvent comparé ses écrits à des diatribes. Ne pourrait-on pas dire que cette manière d'invective est un élément de popularité, et que tout homme qui se moque des autres avec une grande hardiesse et un talent incontestable est par là même populaire, c'est à-dire toujours écouté par la foule ? Cette observation paraîtra encore plus vraie, si l'écrivain ou l'orateur flatte les passions de la foule : Broussais prétendait être le continuateur de la philosophie du XVIIIe siècle et de la réforme, l'homme de la révolution médicale qui venait après les hommes de la révolution sociale, et il parlait dans un temps et dans des lieux où les passions politiques étaient fort exaltées. Il proclamait qu'il était aussi absurde de combattre ses idées que de combattre les idées des philosophes du XVIIIe siècle, et, lors de sa nomination à la Faculté, en 1831, il déclara qu'il avait fallu la révolution de juillet pour le faire entrer à l'Ecole.

Outre la simplicité à laquelle il avait réduit la pratique médicale, voilà, selon nous, l'explication de la popularité de Broussais. Mais de plus, il faut le dire, comme style médical, son style a, en effet, de très-belles et très-grandes qualités : la clarté, la force, et une allure à la fois logique et passionnée qui entraîne (1) le lecteur, et qui, si elle ne le persuade

(1) . . . . In medias res
Lectorem rapit.

pas toujours, le fait au moins toujours réfléchir aux choses les plus importantes. Broussais avait beaucoup voyagé, beaucoup ouvert de cadavres dans les amphithéâtres, beaucoup vu de malades dans les hôpitaux et dans des pays fort différents : son éloquence s'animait à propos de tous ces souvenirs qu'il savait rendre vivants, et ces observations comparées répandaient toujours beaucoup d'intérêt sur les questions qu'il agitait. Il se faisait honneur de son titre de médecin militaire, et disait souvent que les médecins d'armées étaient ceux qui, par leur position, avaient l'expérience la plus étendue et la plus variée, conséquemment ceux qui devaient avoir les idées les plus justes et les plus complètes sur la nature des maladies. Sans vouloir ôter rien à des hommes tels que Pringle, Desgenettes et Broussais, les médecins civils ont toujours réclamé contre cette prétention des médecins militaires, et ont apporté pour preuve en leur faveur la variété infinie de nuances pathologiques que présentent les grands centres de la civilisation où se pressent tous les âges, tous les sexes, toutes les passions, toutes les professions, toutes les fortunes et toutes les misères. Après tout, à quoi aboutissent toutes ces prétentions? Cos, la patrie d'Hypocrate, était une ville de deux mille âmes! Et qu'était-ce que Leyde, avant que Boerhaave l'eût rendu célèbre, et eût, de son vivant, augmenté de moitié l'étendue et la population de cette ville?

Le médecin du Val-de-Grâce avait peu d'érudition médicale, du moins la lecture de ses ouvrages nous le donne à penser, par la manière légère et superficielle dont il traite les hommes et les idées les plus considérables. Mais ne les recherchant que de son point de vue, ne les étudiant que pour savoir en quoi ils sont favorables ou contraires à sa doctrine, ayant d'ailleurs la faculté de saisir avec rapidité les idées qu'il passe en revue, il les attire avec art dans son domaine, sur le terrain de sa critique; il fait ainsi de peu beaucoup : il a, si l'on peut s'exprimer de la sorte, une érudition d'intuition : avec quelques lignes d'un homme, il connaît un homme, et porte toujours un jugement à effet. Le jugement est faux, mais l'effet est produit sur l'esprit du lecteur, et c'est tout ce qu'il demande.

Telle est la nature du talent de Broussais, tel est son caractère d'écrivain. Qu'a-t-il fait de ce talent? — Ainsi que tous les fondateurs de doctrine, il a renversé avant de bâtir; il a donc sa partie *critique* et sa partie *dogmatique* : c'est sous ce double point de vue que nous devons le considérer.

Nous sommes de ceux qui le reconnaissent, cet écrivain a une capacité d'intelligence et de logique médicales qui ne nous paraît exister à un aussi haut degré dans aucun des hommes d'aujourd'hui, ni dans aucun de ceux qu'il a eus à combattre et que la médecine a perdus. Il sait où sont les bases de la science, et il les sonde avec audace ; il conçoit l'art médical dans toute sa généralité, en homme fait pour être médecin et pour reculer les bornes de la médecine ; il veut à cet art des lois, et il comprend à merveille que toute espèce de lois ne lui vont pas, et souvent il démontre fort bien que les lois qu'ont essayé de tracer ceux qu'il appelle ironiquement les *législateurs* sont mauvaises. C'est là, dans cette haute généralité (quelquefois dans le détail, mais beaucoup moins), que sa logique est juste, belle, puissante. Oh! alors, tant qu'il est dans ce cercle, donnez-lui un adversaire qui ait bien tort, un homme qui ait fondé sa théorie sur des données bien illégitimes, ou qui ait divisé et classifié les maladies bien arbitrairement; quelque fort ou quelque spécieux que soit cet homme, Boerhaave ou Pinel, vous verrez se déployer le talent de *critique* de M. Broussais avec toute sa verve; vous le suivrez avec un attrait que nul autre ne vous inspire ; vous crierez qu'il a raison, qu'il verse la lumière à pleines mains. Aussi quels triomphes n'a-t-il pas remportés sur les empiriques et les sceptiques de nos jours, sur les médecins qui ramassent avec une minutie extrême, et pêle-mêle, tous les détails les plus minimes, sans essayer d'y mettre l'ordre et l'harmonie, qui réduisent les phénomènes de la vie à la plus grande sécheresse possible, qui les privent de leur langage, de leur signification, qui croient avoir analysé un fait lorsqu'ils l'ont émietté au point de le rendre méconnaissable, *qui ne se plaisent*, comme le dit Broussais, *que dans la dissociation, et qui sont nés pour embrouiller toutes les questions*! Les faits naturels sont composés d'éléments qui, par leur combinaison et leur association, présentent à notre esprit des mots, des phrases, ou, si l'on veut, des figures et des tableaux. Or, celui-là n'est pas savant, n'est pas médecin, n'est pas artiste, qui, ayant sous les yeux ces éléments, n'y découvre ni phrases ni tableaux ; il ne sait pas lire le livre de la nature.

Broussais, comme Bordeu et comme Bichat, était vitaliste. L'esprit du vitalisme s'est toujours répandu dans ses écrits, et a donné une grande puissance à sa critique, à une époque où la médecine se plongeait tête baissée dans l'anatomie pathologique. Dans son *Traité de Physiologie appliquée à la pathologie*, il s'exprime ainsi : « La puissance qui préside à la formation, au développement et à la conservation, est celle qui opère l'assimilation des substances nutritives, qui en tire de la gélatine, de l'albumine, de la fibrine, qui donne à ces formes de la matière animale la propriété contractile, qui règle la forme, la consistance, le volume, la durée de nos organes, qui les rétablit dans les conditions nécessaires à l'état de vie et de santé, lorsqu'ils en ont été écartés par une cause morbifique. Or, je le demande maintenant, est-ce la contractilité qui produirait tous ces effets? Il vaudrait autant dire que la contractilité se produit elle-même, puisque nous avons vu qu'elle tient essentiellement à la forme de la matière animale, que la puissance vitale est seule capable de créer. La contractilité ne saurait donc jamais être considérée que comme un des ouvrages de la force vitale, comme un moyen qu'elle emploie pour exécuter les mouvements qui doivent concourir à l'entretien des fonctions.

« La force ou puissance vitale préexiste donc nécessairement aux propriétés, ou, pour mieux dire, à la propriété fondamentale des tissus; elle commence par la créer, ensuite elle s'en sert comme d'instrument pour se procurer les matériaux avec lesquels elle travaille continuellement à la composition du corps vivant. La contractilité, la sensibilité de relation, quoique ne marchant pas exactement sur la même ligne, sont donc des témoignages, des preuves évidentes de l'existence de la force vitale; mais elles ne sauraient être la force vitale.

« Cette force vitale est assurément inconnue dans son essence, car c'est une cause première; mais elle se manifeste à nos sens par des changements de forme dans la matière. Ces changements consistent dans une modification spéciale des affinités moléculaires qui président à la chimie des corps inanimés, c'est-à-dire qu'elle se fait connaître par des phénomènes chimiques, mais d'une chimie propre à chacun des corps vivants. Or, cette chimie vivante est le phénomène le plus reculé qui frappe nos sens; elle n'est pas sans doute la force vitale proprement dite, mais elle en est le premier instrument, l'instrument invisible, immatériel, que nous ne connaissons que par la voie du raisonnement. En un mot, c'est l'instrument par lequel la force vitale, en agissant sur la matière, produit les instruments secondaires, purement matériels, perceptibles à nos sens, et où nous pouvons découvrir ce que nous appelons les *propriétés vitales de tissu*. »

Celui qui a écrit ces propositions devait écrire la suivante : « Toute maladie est vitale dans son commencement, » et en suivre toutes les conséquences. Aussi combien ne s'emporte-t-il pas contre cette médecine qu'on a appelée *médecine des lésions*, *médecine organique*! Avec quelle verve éloquente il s'indigne de l'habitude qu'ont prise les médecins de nos jours de voir toute la maladie sur le cadavre, et de se laisser détourner, par les inspections nécroscopiques, de l'observation et de l'appréciation des causes de maladie, des phénomènes, directs ou sympathiques, de réaction de l'organisme contre les agents modificateurs, enfin de l'action des moyens thérapeutiques! Je le répète, quand Broussais se tient dans ces généralités, les trois quarts du temps on ne saurait mieux penser et mieux dire qu'il ne fait. Ceux qui, comme nous, attachent l'importance première dans les maladies aux faits vitaux, aux phénomènes de la réaction vitale; qui croient que toute la médecine est là, et que le plus souvent l'anatomie pathologique vient pour compléter l'histoire de la maladie plutôt que pour en éclairer le diagnostic et le traitement, ceux-là ne trouveront-ils pas pleines de sagesse les paroles que nous allons citer sur la funeste tendance imprimée aux études médicales par l'anatomo-pathologisme contemporain? « Cette méthode d'instruction médicale est fréquemment suivie de nos jours. Le jeune élève, chargé d'ouvrir et non de traiter, de constater les altérations des organes et non de les prévenir, commence par s'exercer à prévoir les désordres qui vont apparaître à l'ouverture de chaque malade qui s'achemine vers la mort. L'anatomie pathologique se place ainsi en premier ordre dans son esprit.

« La médecine s'étudie donc aujourd'hui par une méthode tout opposée à celle que l'on suivait autrefois : on étudiait les groupes de symptômes, et l'on allait ensuite les comparer avec l'état des organes, lorsque la chose était possible, ce qui arrivait bien rarement. Aujourd'hui que toutes les études commencent par l'anatomie, on débute par remarquer les différences qui existent entre l'état normal et l'état anormal, et l'on fait toute sorte d'efforts pour soumettre les groupes des symptômes aux altérations matérielles, telles qu'on les rencontre dans les cadavres, c'est-à-dire pour trouver l'explication des symptômes dans les altérations matérielles des organes. De là résulte un profond mépris pour les phénomènes de vitalité considérés en eux-mêmes, ou pour la physiologie pathologique, et le défaut de notions exactes sur la manière dont l'aberration de ces mêmes phénomènes arrive définitivement à la production des altérations organiques. »

Assurément ici Broussais est plus vitaliste et plus médecin que Bayle et Laennec, qui se prétendaient vitalistes et hippocratistes. Je sais que plus tard, dans le détail, sur un grand nombre de points, lorsqu'il voudra expliquer par l'inflammation les lésions les plus éloignées du type inflammatoire, il aura tort contre eux; mais dans cette partie supérieure de sa critique il a mille fois et admirablement raison, et c'est une belle et grande chose que l'intelligence du médecin ainsi en lutte avec un organisme souffrant et altéré dans sa substance, en appelant toujours aux ressources de la vitalité troublée, allant jusqu'à refuser d'admettre les faits irrévocablement accomplis dans l'économie, plutôt que désespérer du malade. Le malheur, en tout ceci, est que Broussais ne reconnaît qu'un mode de vitalité morbide, l'irritation inflammatoire, ou l'inflammation.

La principale idée qui ait présidé à la critique de Broussais, celle qu'il a retournée sous toutes les faces, c'est le reproche d'*ontologie* qu'il fait aux auteurs. Il entendait par là que, au lieu de fixer son attention sur des phénomènes réels et observables, sur l'état des viscères et la réaction des organes, on avait substantialisé des abstractions de l'esprit, on avait créé des *êtres* qu'on s'était ensuite mis à combattre. Ainsi Brown, qui ne voyait que *faiblesse* dans toutes les maladies, avait fait de *la faiblesse* un *être* indépendant de l'état des organes; il n'avait pas vu qu'en faisant cesser un certain état des organes, il faisait cesser la faiblesse, que conséquemment la faiblesse n'avait pas d'existence propre et essentielle : ainsi les nosologistes, tels que Sauvage et Pinel, qui avaient groupé ensemble un certain nombre de phénomènes extérieurs, de symptômes, pour leur imposer le nom d'une maladie, avaient fait de ces abstractions de leur esprit des êtres qu'ils avaient décorés d'un nom; ils n'avaient pas vu que ces caractérisations extérieures des maladies ne sont pas la maladie, et peuvent appartenir à des affections très-différentes par leur nature. Tout cela était ontologie! A notre sens, c'était là un principe très-juste, une idée féconde jetée dans le champ de la critique médicale : il est très-vrai que quelques différences extérieures ne constituent pas des différences essentielles entre les maladies; que, pour la cure des maladies, nous devons chercher à connaître leur nature autant que cela nous est possible; que cette nature des maladies nous est manifestée par des circonstances *caractéristiques* qui sont autre chose que de simples symptômes. Ainsi les fièvres exanthématiques, les fièvres intermittentes, peuvent donner lieu à des *symptômes* très-différents sans changer de *nature*; une phlegmasie, une névralgie, font naître des phénomènes extérieurs qui varient suivant leur siége, sans pour cela que leur nature ait changé. Quelques erreurs que Broussais ait pu ensuite commettre lui-même sur la nature des maladies, à quelques écarts ontologiques qu'il ait pu se laisser aller, cette critique était très-fondée; elle a fait réfléchir sur ce qu'il y avait d'arbitraire, d'imaginaire dans un grand nombre de définitions et de classifications en usage; elle a rendu de grands services à la science; et il faut encore souvent admirer Broussais dans la poursuite qu'il fait de tous ces êtres imaginaires qui peuplaient le monde médical, lorsqu'il représente les médecins tremblants devant ces fantômes, et n'osant pas, dit-il, verser une goutte de sang; lorsqu'il nous montre ces pauvres gens croyant toujours voir l'*ataxie* et l'*adynamie* cachées derrière les rideaux du malade et leur tendant des piéges avec une infernale malice. Quand ces reproches tombent juste, comme quand il s'agit de Brown et même de Pinel, la polémique de Broussais est d'une puissance extraordinaire et saisit merveilleusement l'esprit : c'est une vivacité, un bon sens, une logique, une verve sans pareils, et il est impossible de ne pas dire : Il a raison. Broussais tenait beaucoup à ce qu'il appelait la découverte de l'ontologie médicale, et la considérait comme un de ses principaux titres de gloire; voici ses paroles à ce sujet : « La découverte de cette ontologie médicale, qui s'opposait depuis le commencement des siècles à ce que la médecine figurât au rang des sciences, est ma propriété; je n'en ai trouvé le germe dans aucun ouvrage. »

Malheureusement (car, après avoir eu raison, il faut toujours qu'il ait tort), Broussais abusa de sa *propriété*. Bientôt il ne vit plus qu'*ontologie* partout; il ne fut pas possible d'exprimer une seule pensée, de dire un seul mot, sans être ontologiste. Lui vitaliste, lui philosophe, il ne voulut plus qu'on parlât de force vitale, ni de nature, ni de principe quelconque. Lui qui avait admis par le raisonnement l'existence de quelque chose d'immatériel et d'invisible qui faisait agir les organes, qui les formait et les développait, il en vint à demander en ricanant ce que c'était que cet *être* appelé *nature*, appelé *force vitale*, appelé *nature médicatrice*. Il était enivré d'*anti-ontologie*; il ne comprenait plus qu'on pût, sans se livrer à des hypothèses chimériques, donner une expression générale et abstraite d'un fait général comme celui de l'unité vitale et de ses modifications diverses; il crut, quand on parlait d'un fait, qu'on assignait une *cause substantielle* à ce fait. Ce fut là une grande erreur, ce fut celle qui présida à toute sa critique des anciens; il confondit dans un anathème commun les plus purs comme les plus impurs, les systématiques les plus extravagants comme les observateurs les plus sages; il les poursuivit tous avec une égale colère, Hippocrate, Galien, Arétée, comme Thémison; Stahl, Sydenham, Baglivi, Boerhaave, comme Paracelse.

Rappelons en peu de mots la médecine de ces hommes qu'on appelle de nos jours les *anciens* (sans doute parce que leur manière d'observer se rapporte à la méthode antique), et nous verrons si Broussais est en droit de leur jeter au visage, comme il le fait, ces épithètes : *Folie*, *fatalisme*, *ontologisme!*

Une idée fort vieille dans la science médicale, et qui s'est toujours, partout et de tout temps, conservée parmi les médecins observateurs, est celle de l'unité vitale. Cette idée consiste en ce que, dans l'état de santé comme dans l'état de maladies, toute les parties du système agissent de concert; qu'elles *concourent*, qu'elles *consentent*, qu'elles *conspirent* au même but, suivant l'expression d'Hippocrate. Lorsqu'une fonction s'exerce, c'est avec un ordre et une harmonie voulus, c'est avec un ensemble de circonstances auquel s'accommodent toutes les autres fonctions. Chaque point du corps intéresse le système entier, et le système entier intéresse chaque point du corps, suivant une hiérarchie admirablement coordonnée et prévue, et dont les lois se peuvent observer et déterminer. — Quelle est la cause de cette unité d'action vitale dans l'homme? Cette cause est inconnue. On ne peut dire qu'elle soit le résultat du jeu des organes, puisque c'est sous son influence que se développent les organes lorsque l'homme est à l'état de germe ou de matière informe; ni qu'elle soit un effet de la chaleur, de l'humidité, de l'électricité, ou des autres agents physiques, puisqu'elle règle la distribution de ces éléments dans tout corps vivant (1); mais quelle que soit cette cause dans

(1) « Le principe vital, qui soutient la vie et la chaleur organique au même degré sous des températures si différentes; le principe vital, qui maintient l'électricité organique chez la torpille, au milieu des eaux de la mer, qui devraient la lui enlever; le principe vital, qui soutient l'électricité organique sous le climat des Antilles, dans le temps même où les machines électriques ne peuvent fournir d'électricité physique; la lumière vitale qui rend l'insecte *lumineux* dans l'obscurité la plus profonde; le prin-

son essence, elle existe; elle existe partout dans l'homme chez qui elle n'a aucun siége particulier.

Eh bien! ce sont les lois de cette *unité vitale*, de cette *nature vivante*, que les bons observateurs de tout temps et de tout pays se sont attachés à étudier et à constater; c'est l'expression générale de ce fait général de la vie qu'ils se sont appliqués à saisir sur l'homme vivant. Pour nous faire entendre par une comparaison que nous croyons juste, ils ont d'abord cherché le *caractère* vital de l'homme malade, ainsi que le moraliste et le philosophe cherchent le *caractère* moral de l'homme social, et comme ces derniers mettent sur un deuxième plan les détails et les effets secondaires du caractère, de même les médecins ont mis sur le deuxième plan les détails et les effets secondaires de la vie de l'homme. Ils ont donc fixé leur première et principale attention sur les grandes réactions générales de l'organisme, sur ces états organiques qui paraissaient être l'altération de la vie elle-même, ou sur des phénomènes qui, quoique particuliers, étaient tellement caractéristiques, qu'ils semblaient bien plutôt dépendre de la manière d'être de tout *l'individu*, de l'état de sa substance tout entière, que de circonstances locales ou accidentelles. C'est ainsi qu'observant la fièvre, ce trouble violent de tout l'organisme, ils la distinguaient et la caractérisaient suivant qu'elle se continuait sans interruption pendant des semaines entières, ou qu'elle ne durait que quelques heures, pour revenir à des périodes fixes; suivant qu'elle était accompagnée d'un grand développement de chaleur, ou qu'elle glaçait le corps, qu'elle minait peu à peu les forces du malade et était *consomptive*, ou qu'elle le rendait à la santé au bout de quelques jours, après avoir exercé sur lui une action dépuratoire; suivant encore que, dans sa marche, elle mettait en mouvement quelque grand appareil, comme celui du sang, de la bile, etc., et qu'elle affectait par là des tendances plus particulières. Cette manière d'observer et de suivre la vie de l'homme malade dans son expression la plus générale, la plus caractéristique et la plus directe, — que nous croyons ne pas devoir être la seule, mais que nous regardons comme incomparablement la plus importante; — cette manière de prendre l'homme, dans sa totalité et dans sa substance, a fait reconnaître et distinguer de grandes classes de maladies ou de dispositions morbides, auxquelles on a donné le nom de maladies générales, d'affections morbides, de dispositions morbides, ou de diathèses, de cachexies ou d'altérations de la substance organique et des humeurs vivantes. On a pu porter ces distinctions jusqu'à l'abus; on a pu en faire de fausses, ce n'est pas la question; nous disons pour le moment que la méthode était bonne, que le principe était vrai, et qu'ils ont déposé dans la tradition médicale, pour qui sait y lire, les plus précieuses données. Une des vérités les plus pratiques qu'ait touchées cette observation directe et naïve de la nature, c'est qu'un certain ordre de maladies sort de la règle ordinaire. Les pères de l'art, en effet, depuis Hippocrate jusqu'à Sydenham, ont reconnu que certaines maladies, telles que les épidémies, même lorsqu'elles présentent les mêmes phénomènes extérieurs, les mêmes symptômes, n'ont pas les mêmes voies de solution, et surtout ne guérissent pas par les mêmes moyens que les maladies ordinaires. De là ce qu'ils appelaient le *génie* des maladies.

On comprend à quelles méthodes de traitement devaient mener de pareilles vues sur les maladies. D'abord, un grand nombre de maladies ayant d'elles-mêmes une marche régulière et une terminaison favorable, le médecin dut souvent ne faire qu'observer, qu'écarter les obstacles, que favoriser les efforts médicateurs de la nature; et c'était une grande science! En deuxième lieu, dans les maladies générales, le traitement dut consister, ou à introduire dans l'économie des médicaments qui en changeassent toute la substance et en modifiassent toute la vitalité, ou à soulever les sympathies générales de l'organisme dans un sens différent de celui de la maladie, soit qu'on cherchât à provoquer des mouvements favorables observés d'autres fois, soit qu'on imprimât, dans une certaine mesure pourtant, une secousse dont on ne prévoyait pas bien l'issue, et dont on confiait les effets à la puissance vitale. — De là les idées de la médecine active, de la médecine altérante, de la médecine imitatrice, de la médecine perturbatrice. En troisième lieu ce je ne sais quoi des maladies, qu'on appelait leur *génie*, forçait souvent de se livrer à l'expérience pure et simple, et d'adopter des remèdes dont la vertu ne s'expliquait pas bien, mais qui semblaient avoir un *génie* spécifique à opposer au *génie* malfaisant de certaines maladies. De là les méthodes *empiriques*.

Voilà la doctrine que Broussais signale comme un monstrueux mélange de *fatalisme* et d'*ontologisme*. Newton eût été un *fataliste* et un *ontologiste*, car il constatait une loi et il invoquait une force. Les anciens médecins faisaient-ils autre chose que ce que fit Newton?

Broussais n'avait pas compris, ou n'avait pas voulu comprendre que les hippocratistes et les historiens d'épidémies s'étaient placés tout à fait en dehors de la métaphysique, et que simplement ils avaient raconté ce qu'ils voyaient, donnant le nom de *force vitale*, de *nature*, à la puissance, quelle qu'elle fût dans son principe et dans son essence, dont les effets leur étaient manifestés, et assignant pareillement des caractères *particuliers* et une dénomination *particulière* à un ensemble de phénomènes qui, par leur origine, leur marche, leur mode de propagation, leur termi-

cipe vital, dis-je, n'est ni la lumière physique, ni le calorique, ni l'électrique, qu'il met en œuvre, et dont il se joue également et sur les organes auxquels il prête sa puissance vitale.» (Récamier, *Notes du Traité sur le Cancer*).

naison, leur façon de guérir, différaient beaucoup des maladies ordinaires. Que quelques-uns eussent été au delà des faits sur les ailes de leur imagination, et se fussent jetés dans de subtiles hypothèses, c'est à ceux-là qu'il fallait s'en prendre, et non à la méthode. Que quelques autres eussent mis de la négligence à rédiger leurs pensées touchant les opérations de la nature, et eussent, sous le coup de leur impression, employé des paroles peu mesurées, tantôt métaphoriques, tantôt hyperboliques, ce n'était pas chose à conséquence, cela n'engageait pas le fond des pensées.

Broussais a donc prodigieusement abusé de sa haine, si louable et si légitime dans le principe, pour les abstractions et les hypothèses. Nous verrons plus tard jusqu'où l'a mené cette haine, lorsqu'elle le portera à repousser un ordre de faits tout entiers, sous prétexte d'hypothèses, d'abstractions, d'*ontologie*.

Mais il est temps que nous arrivions à l'exposé de la doctrine que Broussais a substituée à celle qu'il a cru renverser, et que nous disions maintenant ce qu'est la *médecine physiologique*, cette médecine qui a eu un si grand retentissement, qui a envoyé des adeptes dans toutes les parties du monde, et au nom de laquelle il s'est versé et il se verse encore tant de flots de sang.

Le premier ouvrage où M. Broussais déposa le germe des idées qu'il développa plus tard est l'*Histoire des phlegmasies ou inflammations chroniques*. Cette histoire n'était qu'une application des idées de Bichat à l'anatomie pathologique et à la clinique; ce n'était que la continuation de ce que Pinel avait fait dans sa *Nosographie philosophique*. Bichat, dans son *Anatomie générale*, avait étudié séparément les divers tissus qui composent la structure organique de l'homme, et avait déterminé quels étaient les caractères anatomiques et physiologiques généraux de ces tissus appartenant à des organes différents: ainsi le tissu cellulaire, le tissu muqueux, le tissu osseux, etc. De plus, il avait cherché à déterminer quelles sympathies liaient entre eux les différents tissus. Bien qu'il soit reconnu à présent que la gloire de Bichat ait été portée trop haut par ses contemporains, il est impossible de ne pas reconnaître dans ce célèbre physiologiste les vues de détail les plus ingénieuses, l'imagination scientifique la plus belle, et le style le plus attrayant. Si l'on considère que Bichat avait peu d'instruction et est mort à trente-deux ans, on reconnaîtra en lui un des plus merveilleux talents qu'aient produits la science et notre pays; quant à la portée de ses idées médicales, le temps démontrera de plus en plus qu'elle a été fort exagérée.

L'*Histoire des phlegmasies chroniques* était donc la continuation de Bichat. M. Broussais faisait pour la pathologie ce que Bichat avait fait pour l'anatomie et la physiologie. Il faisait connaître les caractères de l'inflammation dans les différents tissus de l'organisme, caractères anatomiques et caractères physiologiques. L'auteur en tirait déjà des conclusions, et faisait pressentir un système d'idées tout nouveau. Ces conclusions étaient :

1° Que sur un grand nombre de malades morts d'affections réputées générales, et appelées *fièvres*, on trouvait des traces d'inflammation dans plusieurs organes;

2° Que très-souvent ces inflammations s'observaient dans les organes digestifs et leurs dépendances;

3° Que le traitement tonique et excitant, généralement opposé à ces fièvres, leur était essentiellement contraire et devait être remplacé par le traitement anti-phlogistique : les saignées générales et les saignées locales, les émollients et les adoucissants.

Disons tout de suite que, par ce travail, M. Broussais a rendu de grands et incontestables services à la science, qu'il a fixé l'attention des médecins sur les inflammations d'organes qui compliquent un grand nombre de maladies, ou qui sont le point de départ de beaucoup de fièvres; qu'il a donné l'éveil sur l'abus des toniques que l'on faisait alors d'après les idées de Brown; qu'il a montré, dans les cas de ce genre, la vertu du bon emploi du traitement anti-phlogistique soit général, soit local. Il a de plus démontré, avec la sagacité d'un bon observateur, les sympathies variées que peut susciter dans toute l'économie l'affection particulière d'un organe, et jusqu'à quel point ces sympathies, éveillées loin du siége primitif du mal, peuvent masquer le mal lui-même; il a fait voir que la faiblesse que Brown regardait comme l'élément essentiel de presque toutes les maladies, et combattait avec tant d'ardeur par les toniques, était souvent l'effet de l'inflammation qui, concentrant sur un point toutes les forces de l'organisme, les faisait disparaître des autres points; en conséquence qu'il fallait distinguer avec grand soin la vraie faiblesse de la fausse, et qu'il y avait là pour le malade une question de vie ou de mort, puisque l'une demandait un traitement tonique, tandis que l'autre demandait des saignées et des délayants. L'auteur appelait en témoignage de ces idées l'ouverture des cadavres et l'observation clinique.

Voilà les vrais titres de gloire de M. Broussais, voilà la partie vraie de ses idées. Malheureusement il avait déjà aperçu le principe *absolu* de la localisation des maladies, vers lequel il devait se précipiter, *præceps agebatur*, et l'épigraphe de son nouveau livre fut cette parole de Bichat : *Qu'est l'observation si on ignore là où siége le mal?* Il avait vu des maladies générales, des fièvres, dont le point de départ était local, c'est-à-dire résidait dans un organe particulier; il n'y eut plus pour lui de maladie générale sans point de départ local organique; tout trouble général fut une réaction contre un mal local. Il posa et défendit à outrance le principe de la *localisation* de *toutes* les maladies.

Nous ne pouvons ni ne devons développer ici toutes les raisons et tous les faits qui sont venus protester contre la localisation absolue des maladies. Nous dirons seulement ce que le bon sens médical, avant et après M. Broussais, a dit contre cette idée qu'il regardait comme sa plus belle conquête ; c'est que très-souvent les maladies les mieux caractérisées n'ont pas de siége particulier, ou ont un siége inconnu, ou ont un siége dont la considération est tout-à-fait indifférente pour le traitement. Une douleur névralgique excessive est calmée comme par enchantement au moyen des stupéfiants, quel que soit son siége ; nous ne connaissons pas le siége de la fièvre intermittente que nous sommes sûrs de guérir sous les formes les plus terribles avec le quinquina, et nous connaîtrions son siége que nous ne la guéririons pas mieux; nous avons une action spécifique très-évidente sur plusieurs cachexies dont nous ignorons le siége, dont nous ne constatons même l'existence que par des données matérielles assez fugitives. Les eaux minérales, ce grand moyen thérapeutique offert à l'homme par la nature, agit sur diverses affections, quel qu'en soit le siége. « La question de Bichat : *qu'est une maladie, si on en ignore le siége?* me paraît, dit M. Lordat de Montpellier, tout à fait semblable à celle-ci : Comment peut-on espérer de corriger les vices d'un enfant si l'on ne sait pas quels sont les points du cerveau qui sont les organes de ces vices, conformément à la doctrine de Gall? On est généralement persuadé que Fénelon a contribué au changement avantageux du caractère de son élève, quoiqu'il ait ignoré le siége réel ou prétendu du mal ; et il me semble que l'on n'a pas encore renoncé à des moyens moraux d'éducation qui n'ont aucun rapport avec la supposition d'une maladie locale.»

La connaissance du siége des maladies a son utilité relative; mais il est absurde de dire que, sans elle, il n'y a pas d'observation médicale. L'idée de la localisation de toutes les maladies, dont quelques modernes se sont engoués, est donc une idée fausse, capable de rétrécir beaucoup le champ de la science. Tout comme Broussais, après avoir vu sur le cadavre beaucoup d'altérations organiques, était devenu *localisateur* absolu, ainsi, après avoir vu beaucoup d'inflammations, il ne vit plus que l'inflammation. Non - seulement l'inflammation locale joua le principal rôle dans les maladies, mais elle joua le seul rôle. Selon le bon sens universel des médecins, il y avait toujours eu différentes *natures* de maladies : tantôt, en effet, à la suite de l'action produite sur nos organes par un agent morbifique, il se développait une série de phénomènes réactionnaires, comme nous en voyons un exemple manifeste dans le travail morbide qui se fait sur nos tissus blessés, déchirés, brûlés, etc.; tantôt, sans qu'on pût assigner de cause générale visible, il se faisait ou dans un organe, ou dans un appareil, ou dans l'organisme tout entier, une corruption, une dépravation des solides et des liquides, et toute la substance humaine devenait malade; le jeu des fonctions était altéré, les tissus changeaient d'aspect et de mode de vitalité, les humeurs changeaient de qualités chimiques (*cachexies*, *cacochymies*, *altérations de nutrition*), et un grand nombre de maladies diverses étaient ainsi caractérisées par une physionomie particulière de corruption ; — quelquefois ces *états* de l'économie avaient une tendance de plus en plus marquée à la décomposition des parties et à l'épuisement de l'individu ; quelquefois, à raison de circonstances particulières, ils offraient des symptômes de retour à la santé; des efforts médicateurs étaient suscités par la nature, des crises s'opéraient, le malade était renouvelé. Dans ce sens, que d'observations précieuses n'avait-on pas faites sur les maladies chroniques, depuis Arrété jusqu'à Bordeu! Voilà donc, selon l'idée commune, de grandes classes de maladies *différentes par leur nature*. Il est inutile d'entrer dans de plus plus grands détails; nous croyons que ceci suffit pour faire entendre comment le monde médical avait conçu que les maladies *différaient* par leur matière comme par leur mouvement vital. De ce point de vue, Hippocrate avait prononcé l'aphorisme sublime, qui a retenti dans les âges comme l'écho de la plus pure vérité : *Les guérisons des maladies indiquent leur nature* (1), aphorisme qui confondra toujours les méthodes médicales fondées sur l'observation étroite d'un seul phénomène pathologique; car, puisqu'il y a des moyens de guérison essentiellement différents et opposés, il y a donc des maladies de natures essentiellement différentes et opposées. C'est contre ces idées, consacrées par le bon sens des peuples et l'expérience des médecins, que Broussais est venu protester et poser la phlegmasie, l'inflammation. Or, de quelle base était-il parti pour poser ainsi l'inflammation comme point de départ de tout trouble organique, local ou général? Il le dit lui-même : « Il fallait partir de quelques bases pour étudier les maladies internes. Eh bien! ces bases, je les ai puisées dans la chirurgie. L'inflammation doit être à l'intérieur du corps ce qu'elle est à l'extérieur. » Cela est clair à présent : Broussais expliquait tout par l'inflammation, et de plus par l'inflammation la plus simple dans son mode d'origine, dans sa marche et sa terminaison, par l'inflammation chirurgicale: comme si l'inflammation réactive, résultat d'une impression violente extérieure, survenant chez un sujet jouissant de tous les attributs de la santé, avait quelque rapport avec l'inflammation spontanée provenant d'une affection de l'organisme entier! Ce fut donc là une nouvelle et grande erreur de Broussais, la plus pernicieuse de toutes! Il ne comprit pas l'inflammation interne, et toutes ses vues thérapeutiques furent empoisonnées de cette erreur. La médecine fut alors ramenée à une grande simplicité : elle se réduisit, comme on l'a dit fort ingénieusement, au *pansement des organes* : un malade fut un blessé. De là, les saignées, les sangsues, les cataplasmes, et un liquide doux et sédatif comme la gomme, qui

(1) *Naturam morborum ostendunt curationes.*

n'était qu'un cataplasme plus liquide destiné à parcourir les surfaces surirritées et enflammées.

Il fallait à M. Broussais un appareil d'organes qui fût le support de son irritation et de son inflammation, le siége habituel du mal local qui, dans sa pensée, était le point de départ de toute affection générale. Il prit l'estomac et les organes digestifs; toutes les maladies si variées de ces organes, qui, par le fait, sont souvent en souffrance, ne furent plus que des inflammations, depuis le malaise épigastrique de l'hypochondriaque, jusqu'aux dépravations de goût de la jeune fille chlorotique. De plus toutes les maladies qu'on ne sut à quel mal local rattacher furent des inflammations de l'estomac et des intestins; tous les phénomènes anormaux qui se produisaient dans les autres appareils ne furent que des phénomènes sympathiques de la phlegmasie de l'estomac et du canal intestinal. De là, le règne de la *gastrite* et de la *gastro-entérite*, et la médication appropriée, le *pansement* forcé.

Telle est la série des idées par lesquelles à passé successivement Broussais, pour fonder sa pathologie : localisation primitive de toutes les maladies, nature inflammatoire de *presque* toutes les maladies, substitution de l'inflammation des organes digestifs à un très-grand nombre de maladies jusque-là autrement caractérisées. Quelque compliquée que soit une maladie, c'est à cela qu'il la ramène : il ne voit jamais que ces phénomènes-là, ou leurs effets; c'est là toute sa médecine pratique.

Mais un esprit comme celui de Broussais avait besoin de pénétrer plus profondément encore dans la nature des maladies, de systématiser avec plus de précision, de présenter des formules plus rigoureuses. C'est ce qu'il fit. En quoi consiste le fond de cette doctrine? Nous allons le dire en peu de mots, non pas tant à cause de l'étendue de ce travail déjà peut-être un peu long, que parce que cela peut en effet se dire brièvement.

L'idée-mère de Broussais ne diffère en rien de celle de Brown : il professe avec Brown que la vie ne s'entretient que par l'*excitation*. L'homme vivant est un être *excité* par ce qui l'entoure à un certain degré; au-dessus comme au-dessous de ce degré, l'homme est malade. Mais Broussais déclare abandonner Brown aussitôt, parce que Brown dit-il, prend la voie de l'abstraction en dissertant sur l'excitation considérée en elle-même, tandis que lui, Broussais, aime mieux étudier ce phénomène dans les organes et les tissus excités. Il est vrai que Brown se perdra dans les abstractions, comme M. Broussais s'y perdra lui-même, — chacun à sa manière. Mais Brown comprenant, en principe, qu'il faut observer l'unité organique, l'état général de l'organisme, avant d'étudier les organes et les tissus en détail, puis déduisant de cette observation sa doctrine des *diathèses* (ou disposition morbides), Brown, disons-nous, nous paraît avoir une conception plus grande que celle de M. Broussais.

Quoi qu'il en soit, le premier et principal instrument de l'*excitation*, suivant Broussais, c'est la *contractilité*, c'est-à-dire la condensation, le raccourcissement de la fibre animale sous ses trois formes fondamentales, qui sont la *fibrine*, la *gélatine*, l'*albumine*.

C'est ce phénomène de la contraction de la matière animale qui est pour M. Broussais le point de départ de tous les phénomènes physiologiques et pathologiques. S'il y a excès de contraction, nous avons l'*irritation* (qui est e le-même le premier degré de l'*inflammation*) et ses conséquences; s'il y a défaut de contraction, nous avons l'*abirritation*, ou le relâchement des tissus, l'atonie, la passivité, et toutes ses conséquences; donc deux ordres de maladies :

Les unes par défaut d'excitation, maladies *abirritatives*;

Les autres par excès d'excitation, maladies *irritatives*.

Maintenant, en fait, M. Broussais n'admet presque que des maladies irritatives, et sa grande guerre contre Brown consiste justement en ce que celui-ci, qui admet également les maladies *irritatives*, ne voit presque jamais, en fait, que des maladies *abirritatives*. — M. Broussais développe fort longuement dans tous ses écrits comment le défaut d'excitation produit les maladies irritaves : selon lui, l'organe qui manque de son excitation normale qui, par défaut d'excitants, se trouve dans la langueur et la débilité, cet organe est par là même plus susceptible d'irritation; il se fait en lui une réaction qui peut passer facilement par tous les degrés de l'excitation, de l'irritation, de l'inflammation. Donc, un grand nombre de maladies, quoique primitivement abirritatives, sont réellement irritatives, puisqu'elles ne peuvent guère rester abirritatives. *Presque* toutes les maladies sont donc irritatives, les unes primitivement (c'est le plus grand nombre), les autres consécutivement. Presque toute la médecine revient donc à étudier les lois de l'irritation, ses divers modes de propagation dans l'économie d'un point à l'autre, l'état des organes et des tissus qu'elle attaque et leurs dégénérescences variées, etc.

Si on nous demande à présent comment il se fait que M. Broussais, qui a passé toute sa vie en protestations éloquentes et en déclamations passionnées contre les abstractions, qui répète partout, à chaque page, qu'il ne faut croire que ce qu'on voit, qu'il n'y a que l'observation par les sens et ses inductions directes qui doivent entraîner l'adhésion de notre esprit; si on nous demande comment M. Broussais consent à descendre ainsi dans les profondeurs de l'organisme, non pas avec les yeux de la foi, mais avec les yeux de l'imagination; comment il peut suivre toutes ces transformations de l'*abirritation* en *irritation*, tous ces voyages de l'irritation d'un organe sur un autre, tous ces effets merveilleux de la contractilité; — comment il a pu, avec des données si imaginaires, faire couler tant de sang et se railler avec tant de conviction de tous ceux qui ne voulaient pas partager ces sublimes idées,

— nous ne saurions rien dire, si ce n'est que l'esprit humain, quand il s'engage dans des voies d'erreur, n'a pas la faculté de s'arrêter, et qu'alors même plus il est puissant, plus il est faible! Quiconque voudra fonder la médecine sur des affinités moléculaires, sur des phénomènes si profondément cachés, si difficilement observables, si contestables et si contestés, arrivera à des résulats du même genre. Il aura de grandes parties dans l'esprit; on admirera sa logique, tout en la suivant avec pitié; on sera ravi de l'imagination et de l'éloquence avec lesquelles il parera ses idées; — et puis on rejettera loin de soi son *pneuma*, son *strictum* et son *laxum*, ses *esprits animaux*, son *électricité*, sa *polarité*, son *irritation!*

Pourquoi l'auteur a-t-il donné le nom de *physiologique* à cette doctrine? pourquoi allait-il partout se glorifiant de la belle invention de la *médecine physiologique*, et opposant avec orgueil sa clarté et sa simplicité aux complications et aux ténèbres de la médecine ontologique? — C'est que l'irritation et l'inflammation n'étaient que l'exagération, l'exaltation du mode de vitalité normale des organes; — un peu plus d'irritabilité dans les tissus, un peu plus de sang dans les vaisseaux, un peu plus de sensibilité dans les nerfs, voilà tout: les phénomènes *sympathiques*, suscités par l'affection du point en *phlegmasie*, ne sont que l'exagération de ceux que suscite l'*action* du même organe en *fonction*. Il y a seulement à admettre un ordre de sympathies morbides, dont la loi fondamentale, du reste, ne diffère pas de celle des sympathies physiologiques. N'est-ce pas là une doctrine simple, claire, logique, naturelle? — Mais la nature n'a pas cette simplicité; la vie n'est pas l'irritabilité, car on ne soutient pas un homme vivant avec des irritants, comme l'éther ou l'alcool; les phénomènes morbides ne sont pas toujours des phénomènes sympathiques, car on ne fait pas passer une inflammation d'un organe sur un autre, et l'on n'a aucune action sur un cancer de la mamelle en mettant un vésicatoire à quelque distance de là. — La pathologie n'est pas dans la physiologie: elle a son observation comme la physiologie a la la sienne, et la physiologie broussaisienne n'est pas la vraie physiologie.

Autant donc il a été juste d'admirer M. Broussais dans sa critique, et de lire avec attrait les pages tantôt étincelantes, tantôt romanesques, de sa physiologie pathologique, autant il est permis de trouver faible et insoutenable la conception de son système de médecine pratique. On a dit récemment avec sévérité, mais avec vérité, que de tous les systèmes faits en médecine, c'était peut-être le plus faible, celui qui soutenait le moins l'examen et l'épreuve de la pratique. L'influence de ce système a été grande et elle dure encore; cette influence, nous l'avons déjà dit, a été due au talent personnel de son auteur et au caractère particulier de son talent; mais l'abus où cette doctrine a été poussée dans la pratique, les malheurs qu'elle a produits, et la série de maladies chroniques qu'elle a fait naître, ont donné l'éveil aux observateurs. On est revenu sur les observations cliniques et anatomiques de Broussais, on les a trouvées superficiellles, hâtives, passionnées, et, tout en en prenant le vrai, on en a rejeté le faux, le systématique, le dangereux. Quoique cette doctrine ait laissé encore un grand nombre de praticiens dans une préoccupation fâcheuse qui leur ôte de la liberté au lit du malade, quoique nos campagnes soient encore peuplées de petits médecins qui trouvent plus commode d'avoir des idées faites en descendant de cheval que de réfléchir, et qui aiment mieux panser des organes que de contempler les actes de la nature vivante pour en saisir les lois; — malgré cela, disons-nous, la médecine physiologique a fait son temps. Les esprits, désabusés d'un système si éloigné d'avoir tenu ses promesses, comprennent qu'il y a lieu de remonter plus haut que M. Broussais pour trouver les bases de la médecine. La préoccupation s'est dissipée, la science peut aujourd'hui reprendre son cours.

Juin 1839.

(Extrait de la *Revue des Deux-Mondes* et du *Journal des Connaissances Médico-Chirurgicales*).

IMPRIMERIE DE A. EVERAT ET Ce,
rue du Cadran, 14 et 16.

www.ingramcontent.com/pod-product-compliance
Ingram Content Group UK Ltd.
Pitfield, Milton Keynes, MK11 3LW, UK
UKHW021039200726
13857UKWH00005B/1812

9 782013 034135